活明白了的人，
一切都来得及。
　　　　　洞见君

洞见君——

著

把自己
活明白

天地出版社 | TIANDI PRESS

图书在版编目（CIP）数据

把自己活明白 / 洞见君著. — 成都：天地出版社，2024.5（2024.6重印）

ISBN 978-7-5455-8314-4

Ⅰ.①把… Ⅱ.①洞… Ⅲ.①成功心理–通俗读物 Ⅳ.①B848.4-49

中国国家版本馆CIP数据核字（2024）第074997号

BA ZIJI HUO MINGBAI

把自己活明白

出 品 人	杨　政
作　　者	洞见君
责任编辑	孟令爽
责任校对	张月静
封面设计	TT Studio 谈天
内文排版	麦莫瑞文化
责任印制	王学锋

出版发行	天地出版社 （成都市锦江区三色路238号 邮政编码：610023） （北京市方庄芳群园3区3号 邮政编码：100078）
网　　址	http://www.tiandiph.com
电子邮箱	tianditg@163.com
经　　销	新华文轩出版传媒股份有限公司

印　　刷	玖龙（天津）印刷有限公司
版　　次	2024年5月第1版
印　　次	2024年6月第3次印刷
开　　本	880mm×1230mm　1/32
印　　张	8.5
字　　数	196千字
定　　价	56.00元
书　　号	ISBN 978-7-5455-8314-4

版权所有◆违者必究

咨询电话：（028）86361282（总编室）
购书热线：（010）67693207（营销中心）

如有印装错误，请与本社联系调换。

前　言

我出生在安徽的一个小村庄，家庭条件艰苦，小小年纪就得把大部分时间花在种田和干家务活上。那时候，我所能接触的世界十分有限，童年生活分外艰难。

田间休息的间隙，我常望向远方的山峰，幻想着走向村外的世界。

我的父母都是农民，理所当然地觉得面朝黄土背朝天的生活便是一生。但我从小就清楚地知道，我要的不是父辈们那样的生活，我要走出村庄。

一个人能走多远，往往是由他的"心力"决定的。

什么是心力呢？

心力就是人依据自身的思维和能力、精神和体力，发自内心地想做好某一件事的精神力量。

我虽出身农村，所幸有一股心力支撑我克服万千困难,抓住机会奔赴心中的远方。虽然前方困难重重,但我终究走上了我想要走的路。

9年前,我离开北京,同时也离开了从业10余年的传统媒体,开始了公众号自媒体的创业。年过而立,事业归零,我重新出发,内心没有踟蹰忐忑是不可能的,但更多的是对这个选择的坚定。

一个选择,就这样改变了我的一生。我抓住了公众号发展的风口,深耕新媒体内容创作,把"洞见"公众号做成了拥有几千万粉丝的大号,成就了我事业的巅峰。

回望人生的两个转折时刻,一是走出家乡,二是自媒体创业,我发现人生最重要的事莫过于把自己活明白。

一个人只有搞清楚自己的优势,才能选对人生的路,也才能激发出自己的心力,找到前行的力量。

在创立并经营"洞见"公众号的这9年时间里,几乎每天晚上在推送完文章后,我都会守在后台倾听读者故事,回复读者留言。我发现,这世上浑浑噩噩过日子的人不少,能把自己活明白的人不多。很多人因为不清楚自己的优势是什么,所以焦虑;因为看不清楚前方的路,所以痛苦。

所以在和出版社商量后,我们把"洞见"的第三本书定名为《把自己活明白》,这不仅是我个人的人生心得,亦是做内容这么多年来深受读者欢迎的话题。

"把自己活明白",简单点说,就是明白自己想要什么,该做什么,在什么样的位置上能做什么样的事情,想成为什么样的人。

《道德经》里写道:"知人者智,自知者明。"能够了解他人的人是有智慧的,能够了解自己的人是高明的。然而,人要做到"把自己活明白"并不容易。

相信大家都有这样的感受:我们在看待别人的问题的时候,就像专家,大道理一套一套的,总能源源不断提出无数建议和意见;但在面对自己的问题时,我们却手足无措、看不清方向。主要原因就在于,我们很难看清自己,也很难去直面真实的自己。

一个人如何才能看清自己、活得通透呢?我觉得以下三点很重要。

第一,更新认知。

人与人之间最重要的区别,不在于物质贫富、社会境遇,而在于认知层次的差距。

《教父》里有句话影响了很多人:"花半秒钟就看透事物本质的人,和花一辈子都看不清事物本质的人,注定是截然不同的命运。"

认知层次越低的人,越看不清事物的本质。不管眼前有多好的机会,他们都难以抓住。唯有思维破局、认知升级，我们才能让自己的人生更上一层楼。

第二，修炼格局。

能力决定了你能得到什么，而格局则决定了你能走多远。

做人，格局一大，人们就不会拘泥于鸡毛蒜皮，也不会困囿于琐碎庸俗的日常。

第三，管理情绪。

我们的人生有很多个板块需要去管理，情绪管理是其中很重要的一个。

我身边有很多优秀的企业家朋友，他们身上有一个共同点，就是情绪稳定——冷静做人，理智做事，不被情绪牵着鼻子走。

当一个人能够管理好自己的情绪时，再大的麻烦也会变得微不足道。

世事洞明皆学问，生活处处有真知。

《把自己活明白》一书精选了"洞见"公众号45篇原创文章，包含认知跃迁、情绪管理、人际关系、职场提升等与生活密切相关的方面，不煽情、不说教，把我们多年沉淀的文字和观点向你娓娓道来。

我希望，《把自己活明白》可以成为大家人生路上的外在引导，同时成为唤醒大家内在引导的力量。

朋友听闻我在筹备出版第三本书，问我："现在做自媒体的朋友，已经很少有人出书了，为什么这几年你每年都坚持出一本书呢？"

我的回答是："因为会有人需要这本书的。"

"洞见"做了将近10年，几千万读者因为我们的文章获得成长和疗愈。

每个人都会有难熬的低谷期、困惑的迷茫期，你们会有，我也有。而那个时候，我一般在做什么呢？我一定会先找个安静的地方坐下来读书。

摩挲纸张，墨香扑鼻而来，一行行品读文字的体验，会让我的心慢慢静下来。

读书，给人以熬过低谷的力量。每一本书，都可能成为帮大家找到解决生活中某个问题办法的锦囊。《把自己活明白》正是想要成为大家生活中这样的存在。

所以，哪怕不赚钱，哪怕吃力不讨好，我也想把"洞见"的文字用书籍的方式传播出去，让更多知道"洞见"的朋友，既有人生破局的勇气，又有疗愈内心的能力。

人生海海，既然活，我们就得好好活，活个明白。

洞见君

2024年3月

目　录

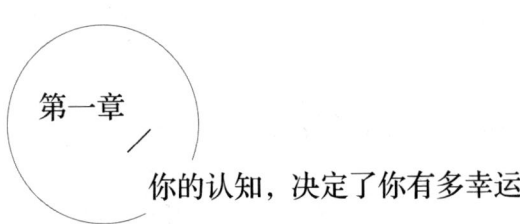

第一章
你的认知，决定了你有多幸运

格局越大，身边的破事就越少

你的认知，决定了你有多幸运	003
盲目的勤奋，带不来有效成长	008
成长路上，戒掉弱者思维	014
治愈精神内耗的关键，在于转变思维方式	020
别人的屋檐再大，也不如自己有伞	026
决定你能走多远的，是你的长板	031
不能听命于自己，就要受命于他人	036

第二章

一个人最好的活法，就是修炼自己

遇事的态度，影响了你的人生高度

走不出自己的执念，到哪儿都是囚徒　　　　043

不要掉进"鸟笼效应"的陷阱　　　　　　　　049

假金方用真金镀，若是真金不镀金　　　　　　054

所谓自律，就是做好精力管理　　　　　　　　059

管好自己的偏见，走出傲慢的洞穴　　　　　　064

多从自己身上找原因　　　　　　　　　　　　069

遇事的态度，影响了你的人生高度　　　　　　074

永远不要做房间里最聪明的人　　　　　　　　079

第三章

管控好你的情绪，才能管控好你的人生

人这一生，都在为情绪买单，欲成大事者，必先修心

最好的养生，是养自己的脾气　　　　　　　　087

不要往他人心里扔石头　　　　　　　　　　094

忿而不怒，忧而不惧，悦而不喜　　　　　　099

一个人常常不开心的根源：银牌心态　　　　104

面对低谷的态度，决定了你的格局　　　　　109

不要为别人的情绪买单　　　　　　　　　　114

人生三得：扛得、耐得、忍得　　　　　　　119

提供高情绪价值，是一种难得的能力　　　　124

第四章

人与人之间，最难得的是相处舒服

朋友相处，莫过于以心换心

太用力的关系走不远　　　　　　　　　　　131

承认别人的优秀，是走向优秀的开始　　　　137

为别人留个位置　　　　　　　　　　　　　142

不要透支你和任何人的"情感账户"　　　　147

认知差，是所有关系的杀手　　　　　　　　152

结束一段关系的正确方式：不翻脸，不追问，不打扰　157

真正懂人性的高手，会克制说服别人的欲望　　162

好好说话就是一种修养　　　　　　　　　　168

善心永存，但别过度　　　　　　　　　　　173

第五章

家庭和睦，是一个人最大的底气

有家可回，有人可爱，人这一生才不算被辜负

在有温度的家庭里，没有拧巴与委屈	181
情越吵越淡，家越闹越败	187
人无法选择出身，但可以选择人生	192
对待家人的态度，是你最真实的人品	198
你怎样经营一个家，就怎样经营一生	203
家庭的经营，需要智慧	208

第六章

你的工作观，就是你的人生格局

奋斗，是人生最好的修行

工作中，要做个皮实的人	217
别把工作当成消耗自己的任务	222
用复利思维应对工作	229
你有多"稳定"，就有"多穷"	234
跟谁一起工作，真的很重要	240
一有不满就辞职，不过是一种溃逃	246
顶级的工作方式：眼高、手低、心平	253

格局越大,身边的破事就越少

你的认知,决定了你有多幸运

01

英国心理学家理查德·怀斯曼曾针对不同职业的人,开展过一次"幸运调查"。

50%的受访者认为自己很幸运,他们中大部分是企业高管、资深经理人,都受过高等教育。认为自己不幸运的人占14%,他们大多来自工作强度大且技能要求不高的行业。

在理查德·怀斯曼看来,这种反差的根源,主要在于思维模式的差异。

大部分人在生活中都会遇到一些不可控的事情,善于思考的人往往会主动考虑各种潜在风险,尽量规避,久而久之,他们就成了人们眼中的"幸运儿"。

电影《大空头》中迈克尔·巴里在面试他人时发现：即使是资深的投资经理，也说不出市面上主流金融产品的组成部分。

通过半年的调研，巴里查明这些产品都是由劣质资产层层打包而成的。经过缜密的数据分析，他决定抛售所有的金融资产。当时，美国金融市场空前繁荣，所有人都忙着投资挣钱，因此巴里的行为受到各种质疑，公司业绩也在业内长期垫底。

直到3年后，美国次贷危机爆发，无数投资人亏损甚至破产。而巴里的公司因为帮助客户避免了巨额亏损，成为少数几家逆袭成名的公司。

事后，媒体将巴里评为"21世纪最幸运投资者"。巴里却坦言："在这次危机中，多数人本该做出相同的决定，只是他们不愿像我一样花时间思考。"

世界从不为取悦某个人而存在，而是有着自己的运行规律。

有些人看不透规律，将所有的不如意归结为自己运气不好。而真正厉害的人常常基于观察和思考，不断完善自己的思维模式。他们透过思维看到趋势，能对风险采取措施尽量规避，对利好积极争取。这样一来，好运也就成了一件水到渠成的事。

02

格局越小，破事越多。一个人只想守住眼前小利，就容易考虑不周，导致产生更大的损失。不拘一时得失的人，则懂得用眼前的付出换取长期的好运气。

作家杨本芬7岁时，经历过一场严重的饥荒。她的父亲染病在床，家里因为缺乏劳动力，无法获得足够的粮食。

有一次，全家人连续两天粒米未进，眼看就要支撑不下去了。这时，一个陌生人深夜来访，并带来4袋大米。靠着这次接济，他们家熬过了最艰难的时期。

此后她每次出门，都会听到村民议论："你们家运气真好，落难时还有贵人相助。"

后来杨本芬说："所谓贵人，都是格局攒下来的。父亲曾教导我，做人要往长远看，现在多帮一个人，以后就多一个帮你的人。"

原来10年前，那位来访者曾到他们家偷粮食，被逮了个正着。杨本芬的父亲不仅没把他送去乡公所，还给他带的两个麻袋里装满了粮食，这才有了他之后的报恩之举。

没有人愿意和锱铢必较的人同行，也没有人喜欢和精明算计的人交往。

害怕失去的人，总是紧握双手。然而，你只有打开双手,才有可能抓住世间的各种好运。

03

狭隘的眼界仿佛一条死胡同,会让人在原地打转,还会阻挡好运降临。我们只有跳出去,把眼界放宽,才能领略命运的无限可能。

加拿大一位服装设计师,在蒙特利尔创办了自己的服装店,可店铺生意惨淡。

面对同样的情况,不少同行会想尽办法节省开支,而他每年都会预留出一笔经费,供自己四处旅行。

有一次,他在去往南加州的旅途中,看到一种配色艳丽、造型极简的服装风格。他将这种风格移植到自己的设计中,让他设计的服装在蒙特利尔大受欢迎。于是他顺势成立了自己的服装公司,并不断通过旅行中的所见所闻为自己的服装设计寻找灵感。

同行称他为"被上帝眷顾的设计师",因为他总能提前知道市场想要什么,并在恰当的时机推出相应的设计。对此,他的回应是:"根本不用劳烦上帝,当我看到一种设计在10个地区流行时,我没理由不相信它会在第十一个地区大受欢迎。"

在这个世界上,好运是偶然的。让好运趋于必然的有效方法,就是不断拓宽自己的眼界。

读没读过的书,去没去过的地方,见没见过的人,都是打开个人视野的过程。这么做也许不会带来立竿见影的蜕变,但持续的尝试与突破,终将会让你和好运不期而遇。

凡人问果,高人见因。当你能够想到别人想不到的情况,舍得别人舍不得的付出,看见别人看不见的趋势时,在别人眼中,你就是那个最幸运的人。

盲目的勤奋，带不来有效成长

前几天在重温电影《一九四二》时，里面一句对白震撼了我。财主范殿元在家破人亡时，对着自家长工说了这样一句话："等我到了陕西，立住了脚，那就好办了。我知道怎么从一个穷人变成财主，不出10年，你大爷我还是东家。"

长工栓柱说："好啊，东家，我到时候还给你当长工！"

同样是一穷二白，10年后，财主仍旧是财主，而长工无论怎么努力，到头来依旧是长工。

其实很多时候就是这样。思想决定行动，行动决定命运。你如果总将目光停留在眼前，不往远处看，无论走了多久的路，都很难拥有更好的人生。

01

20世纪90年代,美国社会学家芭芭拉为了研究美国底层穷人能否通过辛勤劳动摆脱自己穷困的命运,做了一个社会实验。她和所有朋友断绝了联系,化身成为普通的劳动女工,深入美国社会底层,终日和那些一直在温饱线上徘徊的工人生活在一起。在接触了各种社会背景的低薪群体之后,她得出结论:美国底层穷人几乎不可能通过劳动摆脱穷困的命运。

她说,很多人之所以一直待在社会底层,不是社会环境不佳,而是自身认知水平受限。

芭芭拉举了这样一个例子。

实验期间她遇到一个女服务员盖尔,盖尔每天的收入在四五十美元。而她所住的临时旅馆,每天房租是40美元,且需要日结。这就意味着,每天她交完房租后,剩余的钱只够她勉强维持生计。芭芭拉很奇怪,问她为什么不去租一间更加便宜的公寓。如果按月租的话,盖尔每个月就能省下不少钱,久而久之,就可以用这笔钱去学一门技术,从而找到收入更高的工作,改善自己的财务状况。

盖尔听完之后翻了个白眼说:"租公寓要先交一个月的定金,少说也要1000美元,我到哪儿去弄那么多钱?"

对于一个成年人来说，无论是自己存钱还是找亲友借钱，1000美元都不是一个遥不可及的天文数字，但盖尔并不愿意做出改变，也不愿意承担任何风险，所以只能被困在原地。

心理学上有个概念叫"管窥效应"，意思是一个人如果只能通过一根管子看东西，那么他只能看到管子里面的东西。

就像故事中的盖尔，她的眼中只有捉襟见肘的日薪，即便有无数改变现状的方法，她也无法看到。最后的结果就是，她每天用交完房租剩下的钱填饱肚子，虽不安于现状，但又觉得无力改变，只能得过且过。

世界上最大的"监狱"，是人的思维。很多时候限制一个人发展的，不是经济上的贫穷，而是认知上的狭隘。

02

爱因斯坦说过这样一段话："如果给我1个小时解答一道决定我生死的问题，我会花55分钟来弄清楚这道题到底是在问什么。我一旦清楚了它到底在问什么，剩下的5分钟足够回答这个问题。"

努力很重要，怎么强调都不为过，但没有方向的努力如同无头苍蝇乱撞，盲目的勤奋终会四处碰壁。

我看过一个故事。

两个园丁各自经营着自己的花园。其中一座花园一片荒芜、杂草丛生；另一座花园花草繁茂、鸟语花香，一片生机勃勃。

两个园丁的状态也迥然不同。第一座花园的园丁，总是一边拔除杂草，一边咒骂着，累得满头大汗。而第二座花园的园丁好像毫不费力，经常悠闲地躺在一棵树下，哼着小曲。

在同样的气候条件下，为什么两座花园的差别会这么大呢？

原来，第二个花园的园丁最开始也在不停地除草，兢兢业业，一刻也不得闲。但后来他发现，无论他再怎么辛苦地除草，杂草都是除不完的，等他除完这边的杂草，另一边的草又长起来了。于是，他想到了一个好主意。他在市场上买了一些比杂草生长速度更快的花草植物，这些植物生长起来后，很快就挤占了杂草的生长空间，让杂草难以生存。从此，他再也不需要为杂草感到烦恼了，过上了悠闲的生活。

面对同样的困扰，第一个园丁费了九牛二虎之力，仍未解决问题，而第二个园丁勤于思考，找到了问题的根源，不费吹灰之力就解决了问题。

《让你的时间更有价值》一书中，提到了"低水平勤奋"与"高水平勤奋"的区别。

低水平的勤奋者，总是忙于简单重复的事情，从未思考过如何提高效率。而高水平的勤奋者，会通过思维的升级、方法的转变、工具的辅助，以同样的努力取得比别人高几倍的回报。

思考不到位，所谓的勤奋都是徒劳；认知不到位，所谓的努力都是白费。

只有真正有效的勤奋，才能带来真正有效的成长。

03

猎豹CEO傅盛曾说："认知，几乎是人和人之间唯一的本质差别。"

那么如何提高自己的认知水平呢？我有三个建议送给你。

1. 博观而约取，厚积而薄发。

想让思维发生质变，知识储备是必不可少的。而帮助我们拓展知识储备的方法，可以是行万里路，也可以是读万卷书。

苏轼有句名言："博观而约取，厚积而薄发。""博观"，就是广泛涉猎，大量阅读；"约取"，则是一个去芜存菁、去伪存真的过程。

只有当你的大脑中存储的知识足够多、足够深刻的时候，你才有能力"厚积而薄发"，实现思维跃迁。

2. 心怀敬畏，保持谦卑。

一个人知道的东西越多，往往越会觉得自己所知甚少。一个人如果想要获得成长，就要保持高度敏感，对新鲜事物永远持有开放的心态，大量吸收新知识，向外探寻、向内思考，不断打破自己、升级自己。

3. 历事炼心，知行合一。

纸上得来终觉浅，绝知此事要躬行。我们大脑中的知识如果不经实践，就永远无法内化成我们自己的认知。我们只有敢于行动，去经历、去体验，才能形成自己的理解。

古人说历事炼心，一个人只有做到从事上悟理，在理上改行，长此以往，才能实践出真知。

有句话说得好："认知决定上限，努力决定下限。"一个人若想实现人生逆袭，就需要提高认知水平，拼命努力，如此才能迎刃破局。

成长路上，戒掉弱者思维

网上有这样一句话：地狱从来不是立即让你掉下去，而是一点点吞没你。弱者思维也是如此，一旦你习惯了它，就会被它慢慢吞噬。

在努力成长的路上，请戒掉弱者思维，别让它一步步拖垮你的人生。

01

凡事指望别人，一味等待他人施以援手，就是典型的弱者思维。郑渊洁曾说："把希望寄托在别人身上，意味着把失望留给自己，人生会陷入被动。"

"湾仔码头"创始人臧健和出身贫寒，15岁便辍学去医院做了护工。22岁那年，她嫁给了一位家世显赫的泰国援华医生。

她原本以为，依靠丈夫，生活会越来越幸福。谁料丈夫回国处理父亲的丧事，一去便再无音讯。

眼看着生活快要维持不下去了，臧健和带着两个女儿，千里迢迢奔赴泰国寻夫，得到的却是丈夫再婚的消息。愤怒之下，她与丈夫划清界限，独自带女儿去了香港。

母女3人到了香港后，曾试图向亲戚好友寻求帮助，可没人愿意向她们施以援手。丈夫指望不上，亲戚好友对她们的处境也漠不关心，臧健和只能靠自己打工养活两个女儿。

她白天去茶楼刷碗，晚上去医院当护工。后来，她开始做小食生意，每天推着小车到湾仔码头卖水饺，凭借好手艺，她的生意越做越大。最终，靠着自己的打拼，她创立了食品品牌"湾仔码头"。

机会，是靠自己争取的；命运，也得靠自己把握。唯有自己强大，才能从容应对人生的风雨。

02

在小说《平凡的世界》里，"穷命"在双水村的村民心中是早已注定的，是不可改变的。这一点在孙玉厚身上体现得尤为明显。他的父亲经常对他说："孙家的祖坟里埋进了穷鬼,因此穷命是不可更改的。"他也坚信父亲说得对。

因此当儿子孙少安想贷款买牲口拉货时,斗志全无的孙玉厚忧心忡忡地劝儿子放弃:"这可是一笔大钱!我借钱借怕了,谁知道这事里有没有凶险?另外,几百块钱你向谁借?""那就叫人家去干吧。没有金刚钻,揽不了这瓷器活。"

当孙少安的砖厂发生事故,欠下巨款时,消极的孙玉厚开始责怪起自己:"当初就该阻止儿子瞎鼓捣事业。"可不认命的孙少安,在一次次折腾中,却成了双水村最先富起来的人。

"认命"也是一种典型的弱者思维。而戒掉"认命"的弱者思维,是想要改变自己的人们需要迈出的关键一步。

"命"是弱者的借口,"运"是强者的谦辞。在强者的世界中,即便是戴着镣铐跳舞,也要跳出最美的舞蹈。

中央电视台曾经报道过信息无障碍工程师蔡勇斌的故事。

蔡勇斌是位盲人,身边很多人都劝他去学推拿,说这可能是他今后唯一的出路。蔡勇斌并不想学推拿,反而因为喜爱电脑,开始自学编程。看不了编程教材,他就用读屏软件来"听书"学习；看不见键盘，他就靠死记硬背，记住每一个按键的位置，形成肌肉记忆。为了记住代码，他常常一段代码要听几十至上百遍，直到熟练记忆，运用自如。

经过不懈努力，蔡勇斌成了一名信息无障碍工程师。

后来，他研发出了一款能够帮助视障者利用双手，和常人一样在网上听音乐、听新闻、订餐的手机软件。就连腾讯软件工程师也对这款软件赞不绝口："很难想象这是在看不见的情况下做出来的，而且布局还如此讲究。"

如今，蔡勇斌成立了公司，当起了老板，打破了命运的诅咒，谱写出了属于自己的精彩人生。

03

把一只螃蟹放进水桶里，螃蟹会凭借自己的本事爬出来。但如果在水桶里放进很多只螃蟹，就一只也爬不出来了。因为下面的螃蟹会拼命拉扯上面的螃蟹，导致最后谁也出不去。

见不得别人好，互相为难的"螃蟹思维"，也是一种典型的弱者思维。

拥有弱者思维的人，喜欢互相拆台；而拥有强者思维的人，懂得为他人搭桥，相互成就。

我曾在网上看到一张很有意思的图片。

一栋大楼上挂着两条醒目的横幅，楼下的咖啡店挂的横幅是"楼上头发很会剪"，而楼上理发店挂的横幅是"楼下咖啡很好喝"。

看到横幅，要到楼上剪发的顾客会在上楼前买一杯咖啡。楼下咖啡店的店主，也会推荐店里的顾客到楼上剪发。楼上楼下，互相扶持，实现了共赢。

你给别人铺路，也是在为自己搭桥；你成就别人，也是在成就自己。人抬人高，人贬人低。像水桶里的螃蟹一样相互踩压，结局只能是两败俱伤。

04

短线思维者眼界窄，目光短浅，满足于当下，只盯着眼前的事情；长线思维者眼界宽，目光长远，对未来有着清晰的规划。

我之前看过这样一则寓言。

山脚下有一堵石崖，崖上有一道缝，寒号鸟将这道缝当作自己的巢。石崖前有条大河，河旁的一棵大柳树上住着一只喜鹊。秋雨过后，喜鹊开始为过冬做准备，每天一早飞出去，东寻西找，衔一些枯枝回来，忙着筑巢。

寒号鸟却整天飞出去玩，累了就回崖缝睡觉。喜鹊提醒它说："寒号鸟，别睡觉了，趁天气这么好，赶快筑巢吧。"寒号鸟不听劝告，躺在崖缝里对喜鹊说："你不要吵，太阳这么好，正好睡觉。"

一转眼，秋去冬来，大雪纷飞，寒风刺骨。喜鹊躲进了自己温暖的巢里，而寒号鸟却被冻死在了如同冰窖般的崖缝中。

现实生活中，很多人就像故事里的寒号鸟。他们太过安于现状，不愿为了未来的幸福忍受眼下一时的辛苦。

一个人的思维，影响着他的人生走向。很多时候，阻碍一个人成长的不是环境，不是能力，而是固有的思维模式。

你要相信，人的潜力是无限的，想要获得突破性成长，就必须推倒"弱者思维"的墙。

治愈精神内耗的关键，在于转变思维方式

一个人人生道路上的绊脚石，常常是其思想的"内战"：想努力时，总会找各种理由不去行动；想放弃时，又因各种压力不敢彻底放弃。

我曾听过这样一句话："尽管你什么都没做，但每一次选择、判断、焦虑，都会消耗心理能量。"这种消耗就像一块笨重的石头，若想把它从大脑中搬走，就需要我们做出思维方式的转变。

01

第一，把"我不能"变成"我能"。

一位网友跟我分享过她面试的经历。

她曾经想进一家大公司，投了简历，做好了资料上、形象上乃至话术上的充分准备。

可要去面试时,她却变卦了。她在心里反复否定自己:我又不是985大学、211大学毕业的,能行吗?听说面试官很严格,一定很难过关,我被录用的概率一定很小。就这样,她放弃了那次面试机会。

两年后,她抱着试试的态度,又去应聘这家公司,没想到竟然一路绿灯地被录取了。她很后悔,也许当初勇敢踏出那一步,自己也不必绕这么多弯路。

小说《撒野》中有句话:"人就是这样的,想来想去,犹豫来犹豫去,觉得自己没有准备好,勇气没攒够,其实只要迈出去了那一步,就会发现所有的一切早就准备好了。"

机会的大门总是向敢于敲门的人敞开。当你不相信自己能行时,这件事你多半真的做不成。

在美国一家报社里,有位记者叫琼斯。

有一天,上司叫他去约访大法官路易斯·布兰代斯,琼斯大吃一惊,连忙拒绝:"不行不行,他根本就不认识我。"在他看来,自己不过是个无名小卒,资历浅,又毫无身份地位,大法官根本不可能理会他。

琼斯一脸失落地对上司说:"您或许可以把机会让给更有能力的人,我还是算了吧。"

上司瞥了他一眼,随即拨通了布兰代斯助理的电话:

"你好，我是记者琼斯，我奉命采访布兰代斯法官，不知道他今天能否接见我几分钟？"

"他不会答应的！以我的能力还没资格采访他。"琼斯惶恐地说。

这时，电话那头传出声音："下午1点15分，请准时。"

人生就像翻山越岭，最难翻越的山，往往是你心里的那座山。做任何事，你要先相信自己"可能行"，才会有"可能性"。当你陷入自我怀疑时，怀疑本身就是你最大的敌人。

02

第二，把心动变成行动。

考虑一万次，不如行动一次。当你站在原地不动时，你永远也走不到想去的远方。

一则演讲曾使我大受启发，演讲的题目是"如何避免让自己陷入一团糟的生活"。

演讲者梅尔·罗宾斯在演讲中讲道："你想要什么？你想减肥吗？你想要收入翻3倍吗？你想要建立一个非营利组织吗？你想要找到真爱吗？想要什么？留住它，在这里（指脑袋）。你知道它是什么，别往死里分析，就选一个。这是问题的一部分。你没法选择。……你脑袋里想的事，不管它是什么。现在你就可以去一家书店，至少买10本资深专家写的书，他们会告诉你怎么做。如果你用谷歌搜索一下，你可以找到至少1000个博客，记录着别人已经一步一步在做的事情……"

但是为什么这些方法能够改变别人，却改变不了我们呢？原因就在于两个字——行动。

美好的设想再多，没有行动也只能变成空想。许多事不是想着想着就成了，而是干着干着就成了。

生活中经常会有一些令你左右为难的事，你如果总在做与不做之间纠结，就只会白白浪费时间。与其等待天上掉馅饼，不如停止反复推演，主动出击，立刻去做。

看到一篇干货文章，你要做的不是收藏，而是立马付诸行动；看到一个好的商机，你要做的不是观望，而是立马去尝试；看到一门不错的课程，你要做的不是有时间再学，而是立马挤时间学……

10个再好的想法，都不如先去落实一个想法。任何你"想到"的事，都要靠"做到"去实现。

03

第三，先完成，再完美。

网上有一个话题："为什么优秀的人从不追求完美？"

下面的高赞回答说："你不是追求完美，而是害怕失败。对于不少完美主义者而言，他们不是在追求成功的乐趣，而是在逃避失败的恐惧。这种心理表现出来，常常就是要么完美，要么宁可什么都不展现。"

可是，一个再好的想法如果没完成或者干脆不付诸行动，都不过是个毫无意义的"0"。

漫画作者小林老师曾在作品《生得再平凡，也是限量版》中提到他的一些创作经历。他说："一件让人感兴趣的事，酝酿的时间越久，就越难完成。""见缝插针争分夺秒的创作，往往是最高效的。"

当有朋友问他，没有才华的人应该怎么坚持创作时，他的回答是："只要不停地写，就可以了。新媒体信息最大的特点是，它使人们的记性变得特别不好，不管再好的、再差的信息，不超过3天，就会被人忘记。唯一能做的，就是强忍着懒惰和失落，坚持写下去。完成，永远比完美重要。""也必须在完成之后，才有完美的可能。"

我们做任何事，完成都是第一步。你只有先拍一张哪怕不美的底片，才有机会把它精修成一张美的大片。你只有先走到岔路口，才有机会选择你想走的路。

《反内耗》这本书里有一句话："生活里时刻都有挑战。但挑战本身不会带来痛苦，自我战斗引发的内耗才是痛苦的根源。"当你不断地跟自己的思想进行纠缠时，能量就会不断地被消耗。唯有转变思维方式，你才能具备打通前行道路的动力。

别人的屋檐再大，也不如自己有伞

人生长路漫漫，谁能不经历生活的风风雨雨？艰难前行时，我们都会渴望有一方屋檐，为自己遮风挡雨。现实却一次次地向我们证明，别人的屋檐再大，都不如自己有伞。

01

电影《飞驰人生》里，主人公张驰曾是一名叱咤风云的赛车手，却因为飙车被禁赛5年。

为了组装一辆赛车，重返赛道，张驰收起曾经的傲气，四处求人。从驾校的教练、车队的经理，到看护车场的保安，他全都求了个遍，四处赔着笑脸，又四处碰壁，之前有多么张扬狂妄，如今就有多么憋屈。

人与人之间的关系有时候比你想的更脆弱，遇到困境不要太过奢求别人的帮助，因为除了你自己，没人能把你从泥淖里捞出来。

我的一个朋友，他出生在农村，父母都是农民。高考失败后，他不愿意复读，听说某位亲戚在城里的公司当高管，就求母亲去找对方帮忙给自己找份工作。

一天晚上，母亲带着他，拿着礼物去了亲戚家。没想到，一进院门，亲戚家养的大狗突然蹿了出来，一口咬住了母亲的腿。亲戚喝退了大狗，却没让他们进屋，说是屋里有客人。母亲忍着痛，赔着笑脸，把礼物放下，说明了来意。亲戚说会想想办法，让他们回去等信。然而，过了很久，他们也没有等到亲戚的回信。

他说他至今都忘不了母亲拘谨地笑着，弓着背站在亲戚面前卑微的样子，还有母亲腿上的伤口。

正因为那次经历，他下决心重新回到学校复读，并在第二年以优异的成绩考上了大学。毕业后他发展得不错，若干年后他在家附近为父母买了一套养老房，把父母接到了身边。

靠人者自困，靠己者自渡。别人帮你是情分，不帮是本分。在困境中遇到贵人帮扶，自然是好事，可如果无人相助，也不必执着于四处寻求援手，自己帮自己解决问题才是正道。

02

一个人要懂得为自己撑伞，才不会被命运的大雨淋湿。

意大利作家埃莱娜·费兰特在"那不勒斯四部曲"中讲述了两个女孩的不同人生。

埃莱娜和莉拉都出生在那不勒斯贫民区，埃莱娜是门房的女儿，莉拉是鞋匠的女儿，她们的家庭都非常贫穷。在埃莱娜眼中，莉拉漂亮、聪明、勇敢，是个天才女孩。

莉拉小学快毕业时，她的父亲急于让她帮自己做鞋子养家，不允许她继续读初中。在与父亲的抗争中，莉拉摔断了胳膊，从此她开始自暴自弃，逃学，毕业考试故意不及格，最终放弃了学业。

埃莱娜明白自身所处环境的恶劣，更加努力地读书。没钱买课本，她求老师帮忙借别人用过的旧课本；为了提升认知，她趁夜深人静时悄悄看借来的报纸和书籍，以防被母亲拿走当废纸用；为了赚学费，她在放假期间到有钱人家当保姆、当家教……

最终，埃莱娜在比萨大学完成了学业，成了一名作家。而"天才女孩"莉拉则屈服于自己的出身，一直被困在那不勒斯的贫民区。

一个人如果在最该靠自己奋斗的时候选择了逃避，将来面对世界的残酷时，就只能步步后退，无力抗争。要想不被现实打败，最好的方法就是强大自己。当你练就一身钢筋铁骨，你自然会无惧风雨。

03

在一次公益活动中，我认识了一位年轻的企业家。

这位企业家7年来坚持资助十几名贫困学生，让我非常钦佩。他出生在一个殷实的家庭，父母经营着一家拥有几百名工人的服装厂。

大一时，父母就给他买了一辆价值几十万元的车，还在校外为他买了房子。那时候，他过得"无忧无虑"，整天忙着踢球、打游戏、追女孩，考试总是勉强及格。他唯一的追求是大学毕业后出国留学，然后留在国外做投资，最坏的打算是回家继承家族企业。

不料，大四时，他父母的工厂因资金链断裂破产了。父母愁白了头，他也失去了原来的经济支撑。眼看着家里的剧变，他仿佛一夜间长大了，决定考研。

他回到了读大学的城市，白天送外卖，晚上自学，每天只睡四五个小时,吃的是寡淡的水煮面条,穿的是十几元一件的衣服。他还把以前的名牌衣服一件件地挂在二手市场卖掉,然后买网课、买学习资料。后来,他成功考上了北京一所大学的研究生。

毕业后,他先入职一家互联网大型公司,后来辞职创业,如今已是一家上市公司的董事长。

很多人都渴望有人能护佑自己一生,风雨来临时为自己遮风挡雨,行路艰难时为自己披荆斩棘。然而,这世上几乎不可能存在这样一个人。你脚下的路,要靠你自己走;你眼前的事,要靠你自己做。想要什么样的人生,你就需要付出什么样的努力,扛过什么样的艰难困苦。

你若努力,时间定会送你一个精彩的自己。

决定你能走多远的,是你的长板

任正非曾说过一句话:"我这一生短的部分我不管了,我就只做好我这块长板,再找别人的长板拼起来,这样就是一个高桶了。"

过去人们习惯于用"短板原则"去衡量一个人,认为一个人的短板决定了他的发展上限。事实上,真正决定你未来能走多远的,是你的长板。

01

我曾在微博上看过一个网友的一段真实经历。

这个网友原本是一名程序员,任职于一家大型科技公司,薪资待遇非常可观。可渐渐地,他开始觉得整天坐在电脑前写程序太枯燥、无聊,最终选择了辞职创业。

他起先和朋友一起开发了一款棋牌类游戏。结果因为公司没有资源和渠道，游戏上线后迟迟推广不出去，在耗光启动资金后，他只能黯然退场。后来，他看到做短视频的表弟短短一年时间就吸粉百万，不由得心生羡慕。于是他又入局短视频行业，结果因为不熟悉平台规则，视频上线后经常被投诉下架。

折腾了3年，他非但没赚到钱，还赔光了所有积蓄。

有一天，妻子意味深长地对他说："其实你最擅长的就是写代码，你之前做的那些事没有一件是你擅长的。"妻子的话说得很直接，但也很在理。反思之后，这个网友重回职场，做起了老本行，后来因为能力出众，不到5年就晋升为技术总监。

很多人明明是藏羚羊，却非要学猴子爬树。一个人如果"死磕"自己不擅长的领域，很可能就会水土不服，耗尽心力，最后一事无成。同样的时间，你如果花在自己擅长的事情上，或许早就已经成了行业里的佼佼者。

02

职场中，有一种职业生涯策略叫"一专多能零缺陷"。"一专"是让自己拥有一项非常强的专长，能帮助自己脱颖而出；"多能"是尽可能多地培养几项能力，以便搭配使用；"零缺陷"是通过自身努力和对外合作，让自己的弱项达到及格水平。

没有谁可以事事做到完美。专注于自己擅长的领域，持续深耕，把一件事情做到极致，你就赢了。

我的一位朋友，他从小就喜欢数学，擅长做数据分析。毕业后，他毫不犹豫地去了北京，选择了金融业。他从不做跟工作无关的事情，把所有精力都放在对投资规律的研究上。当遭遇熊市，投资失利，其他人都气得跺脚时，他把自己关起来做复盘总结。经过整整7年的努力，他的业务能力获得了业内的一致认可，目前他管理的资产已超过亿元。

决定一个人未来高度的，或许不是天赋和运气，而是将擅长的事做到极致的能力。

把一件事做到极致，胜过把一万件事做得平庸。

03

美国作家马克·吐温，在45岁那年听一个朋友说投资研发打字机能发大财，于是拿出自己多年写作积累的版税，跟朋友一起研发打字机。

结果，他前前后后投资了近20万美元，打字机还不见踪影。马克·吐温意识到，自己的第一次经商以失败告终了。可是他并没有吸取教训。后来马克·吐温又出版了多部畅销书，但看着作品的大部分收入都落入了出版商的腰包，而自己只能拿很小一部分版税，马克·吐温动了当出版商的念头。

可马克·吐温并没有任何管理公司的经验，连最基本的财会知识他也一窍不通，于是他找来自己的外甥当公司经理。随后，这家公司先后出版了他的两部小说，全都大获成功。这让马克·吐温的信心大增，他开始扩大业务，却没想到外甥在此时一走了之。马克·吐温勉强支撑了几年，最后公司还是因为负债累累而倒闭。

两次经商经历，让马克·吐温负债十几万美元，债权人多达96个。这时，穷困潦倒的马克·吐温才认清自己不适合做生意，自此一心专注于写作。最终马克·吐温不仅还清了所有债务，还成为举世闻名的大文豪。

那么，我们如何才能把擅长的事情做到极致呢？

专注：认准一个领域，就保持100%的专注，不要这山望着那山高。集中精力，持续深耕，如此才能达到你渴望的高度。

反复做：一个人只有反复做自己擅长的事，才有可能真正摸透一个行业，成为该领域的顶尖高手。有句话说得好：把简单的事情重复做，你就是行家；把重复的事情用心做，你就是赢家。

思考：一个人如果没有思考，只是机械地重复工作，10年后他的技能也不会有太大的提升。勤奋不等于结果，我们只有对所做的事情不断进行深度思考，才能真正实现自我的进化。

行动：一个人如果只是思考而不行动，就只会停留在原点。

迭代：一个人要保持进步，不要抱着"一招鲜，吃遍天"的想法，吃老本早晚会被淘汰。我们做同一件事，每做一次都应该比上一次好。

美国心理学家加德纳提出过一个"多元智能理论"：基因、性格和习惯的差异，注定了每个人都有过人之处。有人擅长实业，有人擅长艺术，有人擅长逻辑推理……

不管你擅长什么，想要其真正成为决定你未来高度的长板，你都需要把时间、心智、精力投入这一事情上。你与其盲目地逼自己满身才华，不如努力做到单点极致。扬长避短，持续深耕，终有一天你会有所作为。

不能听命于自己,就要受命于他人

01

"我一直过的,都是一种二手生活。"

前几天在和朋友聊天时,她突然蹦出这样一句话,我在愣了几秒后才醒悟过来她在说什么。

年轻的时候她的志向是画画,家人说画画没出息,她就没再画。她想写作,朋友说写作没前途,她就没再写。后来,她嫁给了一个父母眼中理想的对象。婚后10年,面对让她喘不过气的生活,她选择了忍耐——为了孩子,也为了免受旁人议论。

朋友的经历让我想到,廖一梅在《像我这样笨拙地生活》中曾提到的"二手生活"的概念:"轻易听信别人告诉你的,让禁忌阻碍你的视野,给自己定下条条框框,过约定俗成的生活,我把这叫作二手生活。"

"二手生活",思想是参考别人的观点,生活是对别人生活的模仿,情感是听从别人的意见。仔细想想,身边很多人似乎都在不知不觉中过上了"二手生活"。

大学选专业,别人说你感兴趣的专业不好找工作,于是你选了并不喜欢的热门专业;大学毕业后,你想出去闯荡,父母却希望你找一份稳定的工作,于是你选择去参加编制考试;25岁,亲戚说再不结婚就晚了,然后你开始频繁去相亲;35岁,你的生活重心全移到家庭上,每天面对的只有家长里短;终于,45岁的时候,你突然发现,自己好像一直都在复制别人的人生。

用尼采的话说,不能听命于自己,就要受命于他人。过别人的生活,走别人的路,得到的都不会是自己想要的结果。

02

嘴巴是别人的,人生是自己的,你不要让别人的看法决定自己的人生。

有这么一道选择题:一颗痣,一个未来,二选一,你会选哪个?相信大多数人都会选择后者,但超模辛迪·克劳馥选择了前者。

辛迪长相甜美，身材高挑出众。在她16岁时，一位模特经纪人看中了她，想将她培养成超模。但因辛迪唇边长了一颗大黑痣，两人吃了不少闭门羹。后来终于有客户愿意给辛迪一次机会，但要求辛迪把唇边那颗痣点掉，说大众更喜欢脸上没有一点儿瑕疵的美女。辛迪不愿妥协，当即回复道："对不起，我不点。"她再次失去机会，直到几年后她才被人赏识，成了天后级模特，而那颗痣也成了她的个人标志。

我们按照别人的经验去做事，或许会让过程看起来更轻松。但是我们如果能按照自己的意愿过一生，难道不是更精彩吗？

在小说《无声告白》中，女孩莉迪亚一直痛苦地活在父母的双重期待里。

莉迪亚的父亲不是美国人，他的毕生梦想是融入美国，让自己变得合群；莉迪亚的母亲梦想着成为一名医生，却因为怀孕中断学业，早早结婚生子。于是，他们把各自的梦想都倾注到莉迪亚身上。

父亲经常催促她给不熟悉的朋友打电话，约对方看电影，强迫她去参加舞会。母亲则总送她各种又厚又难读的书，像《人体解剖学彩色图集》《著名的科学女性》等。

莉迪亚用尽全力地迎合父母的期待。她努力与同学搞好关系，即使她喜欢独处；她努力做完母亲布置的所有作业，即使她根本不想当医生。但这样拼命努力的结果是，她变得越来越不像自己，成了父母手中的提线玩偶。

你的一生应该由你自己掌控，别让条条框框禁锢你的生活，也别再为了寻求他人的认可和期待，浪费你的时光和生命。

03

社交媒体上流行过一个词叫"橱窗人"，大概指的是这类人：他们穿时尚衣服、去高档餐厅都是为了向别人展示自己，可最终却丢掉了自己，成了看似完美的"橱窗人"。

你若一心活给别人看，那么哪怕世界再大，也难有你的容身之处，因为处处皆有他人的目光；你若选择为自己而活，那么就算你的力量再小，也有大放光彩的一天，因为处处都有展现自己的机会。

话剧演员王德顺曾在沈阳话剧团工作了20多年，可以说事业有成，生活美满。眼看到了退休的年龄，突然有一天，他却想要辞职，到更大的舞台上实现他的艺术梦想。

好友知道后劝阻他："你傻了吧，再过几年就可以退休，有退休金、有保险，后半辈子都不用愁了。"

王德顺不听劝，他坚持放弃了沈阳话剧团的编制和一切福利，成了"北漂"一族。但质疑的声音依然伴随着他："放着好好的日子不过，出来受罪。""净瞎折腾，安享晚年不好吗？"王德顺不为所动。79岁时，他成了棉衣时装秀的模特。85岁时，他学会了开飞机，圆梦蓝天。

这世间，很多人都小心翼翼地活在别人定义的人生里。其实，别人的眼光和意见，仅供参考而已，事情还是要自己做决定。你的人生，从不应该被他人定义。

第二章

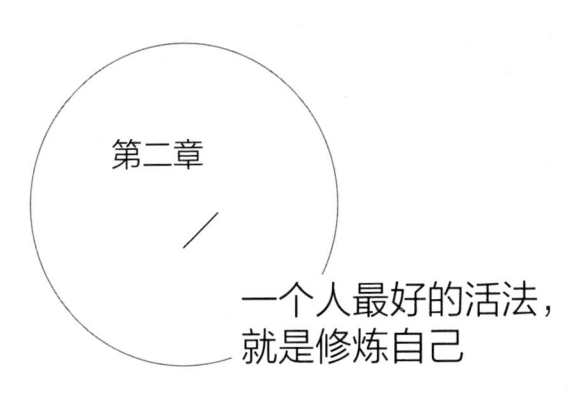

一个人最好的活法，
就是修炼自己

遇事的态度，影响了你的人生高度

走不出自己的执念,到哪儿都是囚徒

网上有这样一句话:"适度的坚持是执着,执着是良药;过度的执着是执迷,执迷是毒药。"生活中的很多事情都是如此,你越舍不得放手,就越会一步步拖垮自己。执念一起,处处都是牢笼。你走不出自己的执念,到哪里都是囚徒。

01

人生需要走出的第一种执念是成败的执念。

一只杯子,若是装满牛奶,我们会说这是"一杯牛奶";若是装满果汁,我们会说这是"一杯果汁"。只有当它空着时,我们才会叫它"杯子"。

同样的道理,倘若一个人内心装满了成败的执念,他将很难找回真正的自我。

周国平曾在《只有一个人生》里写道:"人应该具备两个觉悟:一是勇于从零开始,二是坦然于未完成。"

过去的辉煌也好,黯淡也罢,都已烟消云散,我们若一味沉溺于不切实际的追求,就只是在禁锢自己。我们要想获取精神上的自由,就不能把自己圈在原地。然而,现实却是,很多人都忘不了当年的得意,放不下昔日的失意。

心理学家亚科斯说:"人生中90%的不幸,都是因为不甘心。"

我们做一件事成功了,就会想着更成功;如果失败了,就又执着于"翻盘"。于是,无论结果如何我们都会不甘心,在纠结成败的执念里,越陷越深。

其实,哪有那么多成功的人?大家都是普通人,做一件事尽力就行,不必把别人的标准套用在自己身上。不论成败,做到问心无愧,也是一种圆满。

02

人生需要走出的第二种执念是得失的执念。

有句话是这样说的:"得失从缘,心无增减。"人生的大多数时候都是在得与失之间循环往复。一个人如果接受不了失去，就会让自己陷入痛苦的深渊。

我曾看过一个故事。

小职员多纳意外得到富豪亲戚的一笔遗产——一家珠宝店。收到消息后，他非常高兴，立刻着手为出国做准备。可即将出发时，他又得到消息：珠宝店被一场大火焚烧殆尽。

从此，多纳整日愁眉不展，逢人便诉说自己的不幸："那可是很大一笔财产啊，我一辈子的薪水都远不及它的零头！"同事劝慰他说："那个地方你从未去过，珠宝店你也从未见过。换个角度想想，你还是和从前一样，什么也没有失去呀。"

多纳心疼地大叫："这么大的一笔财产，你竟然说我什么也没有失去！"执拗的多纳听不进任何人的劝解，整日惦记着失去的财产，茶饭不思，日渐消瘦。

人处在失去的痛苦中时，难免会像多纳一样悲观沉沦。生活本非事事顺意，我们何必将一时的得失过于放在心上？以一颗平常心去对待生活，能让我们远离很多纷扰。

《吕氏春秋》中记载着一则故事。楚王喜欢打猎，每次打猎时都会带上一把名贵的弓。一次楚王去云梦泽打猎时，不小心将这把弓遗失了。侍从们要循原路寻找，楚王却说:"算了吧,不必去找了,楚人失之,楚人得之,到不了别处的。"楚王认为,弓已然遗失,与其执着于追寻,倒不如看淡这件事。

将得到看作命运的馈赠,将失去当作磨炼和修行,在面对生活的起落时,我们才能做到得失淡然,知足常乐。

03

人生需要走出的第三种执念是亲疏的执念。

电视剧《琅琊榜》里,有一段台词:"世间有多少好朋友,年龄相仿,志趣相投,原本以为可以一辈子莫逆相交,可谁会料到旦夕惊变。从此以后,只能眼睁睁地看着天涯路远。"

人这一生,相遇与别离是常有之事。一段关系,即便开始时一见如故,最后也可能冷淡散场。

1933年,林语堂和美国知名作家赛珍珠结识。林语堂写了一本英文书,赛珍珠亲自为其写序、组织书评。这本书出版后,两人的关系也变得亲近起来。

为了更好地进行创作,赛珍珠夫妇力邀林语堂赴美生活。1936年,林语堂举家迁至国外,为报答知遇之恩,他后续的作品均由赛珍珠夫妇出版。林语堂甚至还多次在公开场合称赞这段友谊。

但时间久了，两人逐渐意见不合，经常因为书稿的内容发生争吵，闹得不欢而散。后来他们因为版税的问题再度闹翻，差点儿对簿公堂。

就这样，在持续不断的矛盾中，两人的关系也从亲密无间走向了形同陌路。离开美国前，林语堂曾打电报与赛珍珠告别，却未得到任何回复。林语堂为此非常恼火，痛心地说道："我看穿了这个美国人。"

很多年以后，对于这段关系的破裂，林语堂还是没能释怀。一提起赛珍珠，他就忍不住抱怨："我对美式友谊产生了非常糟糕的印象！"

很多时候，我们都喜欢把自己与别人的关系看得很重。但世上的人和事，来去都有定数，今天还在把酒言欢的朋友，明天也许就会分道扬镳。相守是一种幸运，相忘亦很平常。我们如果总沉浸在一段早已失去的关系里，反而容易错过眼前的更多美好。

"君子之交淡如水"，看轻一些，看淡一点，让亲疏随缘，让爱恨随意，才能不辜负每一次遇见，不遗憾每一场离开。

网上有这样一句话："真正能困住一个人的，不是钢铁铸就的牢笼,而是心中矗立的高墙。"一个人只有顺其自然,不为成败得失所累,不为关系亲疏所伤,打开执念的枷锁,才能轻装上阵,淡然前行。

不要掉进"鸟笼效应"的陷阱

1907年,美国心理学家威廉·詹姆斯教授与他的好友物理学家卡尔森一同从哈佛大学退休。

一天,两人打了个赌。詹姆斯对卡尔森说,他一定会让卡尔森养一只鸟。卡尔森却不信,表示自己从来就没有要养一只鸟的想法。

到了卡尔森生日那天,詹姆斯送给他一只精致的鸟笼。之后,每次卡尔森的家里来客人时,客人看到空荡荡的鸟笼后,几乎都会问:"教授,你养的鸟什么时候死了?"

卡尔森一开始还耐心解释:"我从来就没有养过鸟。"问的人多了,卡尔森不胜其烦,干脆买了一只鸟。

这就是心理学上著名的"鸟笼效应":假如一个人拥有一只鸟笼,他大概率会买回来一只鸟,而不会把鸟笼丢掉。

在生活中,"鸟笼效应"屡见不鲜。很多人都在不停地追逐物质,想要的越来越多,有了鸟笼就想养鸟,养了鸟又想要别的,结果被物质俘获,活得不堪重负。

01

古希腊哲学家埃皮科蒂塔曾说过:"一个人生活中的快乐,应该来自尽可能减少对于外来事物的依赖。"什么都想得到的人,最终可能什么都得不到。

有一天,几位学生怂恿苏格拉底去热闹的集市逛一逛。学生们说:"集市里有数不清的新鲜玩意儿,您去了一定会满载而归。"等苏格拉底回来后,学生们迫不及待地请他分享收获,苏格拉底却摊了摊手说:"我此行最大的收获,就是发现这个世界上原来有那么多我并不需要的东西。"

很多时候,我们活得不快乐,并非因为得到的太少,而是因为拥有的欲望太多。

我们如果想要收获生活的丰盈,就需要不断做减法,在留白中寻找真正的心之所向。

人这一生,需求有度,过则成灾。物质的丰盛,并不等于生活的富足。我们只有学会克制欲望,才能在浮躁的世界里守住清欢；懂得知足常乐，才能体验生活最纯粹、质朴的美。

02

网上有这样一个话题曾让我思索良久：哪些人生道理是你过了很久才明白的？

有人回答："我曾经迷失在肤浅的物欲中，沉溺于攀比和炫耀。直到走过很多的路，读过很多的书，我才真正读懂那句'世界是自己的，与别人毫无关系'。"

在如今这个时代，很多人都被物质欲望裹挟着往前走，而有智慧的人，却能摆脱欲望的束缚，找到心灵的自由。

钱锺书在清华大学教书的时候，家里除了一张桌子和白布垫的沙发，几乎没其他家具。被下放改造时，他的住处除了几床破棉被，剩下的就是满袋子的书。晚年时钱锺书还曾嘱咐杨绛，自己去世后，不举行遗体告别、不开追悼会，一切从简。对他来说，人活一世，外在的一切都不重要，唯有内在的学识、精神的富足，才是立世的根本。

有句话说得好："只有当一切事物回归简单，人才有机会思考自己的生命。"

宋代诗人林和靖,常年隐居孤山脚下,靠卖梅子维持简单的生活。平时他或乘一叶扁舟来去自如,或倚在老梅树旁看白鹤起舞,活得洒脱且满足。

日本作家村上春树,家里连电视机都没有,常穿的衣服只有几件,平时吃着粗茶淡饭,却建造了自己的小说帝国。

其实,一个人对物质的追求程度,反映了他灵魂的丰盈程度。

学会给欲望做减法不是让我们做苦行僧,而是让我们拒绝成为欲望的奴隶,不过分追求物质生活,做丰富的精神思考,慢慢丰盈我们的灵魂。真正通透的人,从不为外物所累。

03

一旦焦虑困扰,我们该如何摆脱"鸟笼效应"呢?可以尝试做三件事。

第一,制订简单的生活清单,了解自己的真正所需。

很多人买了一条短裤,就会想再买一件搭配的短袖T恤衫,买了一件风衣,就会想再买一双搭配的靴子,最终花了很多钱,买了一堆自己本不打算买的东西。

列出合理、清晰的生活清单，能帮助我们掌握生活的主动权，反思自己做过多少与目标无关的事。

　　第二，不断鼓励自己，暗示自己每一天都在变好。

　　有些人总是陷在一个误区，觉得自己拼命奋斗很不容易，因此生活质量必须越来越好，才对得起自己。这就像一种心理补偿机制，因上班太累、生活太苦而花大价钱去买些能满足心理平衡的东西。

　　其实，我们不妨每天都鼓励自己一下，暗示自己每一天都在变得更好，并不需要额外的补偿。清楚地认识到自己的付出，培养积极思维，就能给我们带来很多幸福感。

　　第三，设定核心目标，减少多余行动。

　　我们给自己设定短、中、长期的核心目标，让一切活动都围绕着目标进行，能很好地减少时间、精力与金钱在旁枝末节上的浪费。我们遇事可以先思考，这件事与核心目标有没有关系，有没有益处；如果有益处，就去做，反之就远离。

　　只要确定目标，多做减法，学会克制欲望，你就会发现，整个人都能轻松下来，在漫长的人生路上自在前行。

假金方用真金镀，若是真金不镀金

清华大学教授柳冠中曾在接受采访时讲过这样一件事。

一次，他回老家探亲时，遇到一位在上海打工的保姆。这位保姆为了回苏北老家时能够显示出自己在上海挣了大钱，出发前敲掉了一颗好牙，镶上金牙。回到村子后，她逢人就咧开嘴巴，说话滔滔不绝。大家纷纷惊叹："不愧是从上海回来的人，连牙都是金的。"

柳冠中说，一个人真正能拥有的奢侈品，是内在的修养和学识。他一旦露出金牙，就等于告诉别人，自己没有上面这两样东西。

一个人为了显示自己有钱，去镶一颗金牙，不会抬高自己的形象，只会暴露骨子里的浅薄。

01

最近,我重温了一档职场综艺节目,对其中一位实习生的印象很深刻。

这位实习生无论在哪处理工作,都会把印有斯坦福大学校徽的杯子摆在显眼位置。后来他在处理业务时,连续出现失误,导致公司和客户的合作破裂,于是他默默收起了杯子。

看到这一幕,场外评论员忍不住说道:"你的履历再出色,在老板眼中也只是成千上万份简历中的一份。你刻意显摆,反而显得底气不足。"

当一个人内在不足时,他往往就会选择包装自己的外在,这么做也许能蒙混一时,但肯定会在不知不觉间露怯。

一位网友毕业后在北京一家通信公司做语音客服。她省吃俭用,将6个月的工资攒下来,买了最新款的名牌皮包。她认为这样便能证明,自己是在大城市见过世面的人。

有一次,她向同事展示新买的皮包。起初,同事对皮包露出很感兴趣的表情,她内心一阵得意。然而同事看完皮包后,却问她:"你从哪里买的?做工几乎赶上行货了。"

一阵沉默后,她没有反驳,而是回到专柜退掉了皮包。她说:"我和那些成功女士最大的区别就是,她们拎着高仿的包,人们会以为那是真的;我拿专柜买的包出去显摆,人们却觉得这是假的。"

一个人的境界,来自他做过的事、走过的路,而不是他吹过的牛,装出来的形象。一个人通过显摆将自己抬到不相匹配的高度,最后往往会摔得丑态毕露。

02

你是否也遇到过这样的人:英语不怎么样,却喜欢在说话时夹带几个英文单词;手头拮据,却还要贷款买最新的电子产品;自己游手好闲,却到处显摆家里长辈的职位和资产……

古人云,好胜人者,必无胜人之处;能胜人,自不居胜。一个人越缺什么,就越想炫耀什么。真正有实力的人,不会刻意声张,凭借有目共睹的成就,便足以收获他人的尊重。

一个总想显摆的人,往往很难静下心来打磨自己的能力。而有的人则懂得克制自己的炫耀欲,收敛自己的锋芒。相对于别人的赞美，他们更注重自身内在能力和品质的培养，凭借不懈的努力，成就真正值得别人尊敬的非凡人生。

03

作家张丽婕说："虚荣的最可怕之处在于'虚'。如果你想追求真正的'荣'，就应该把内心最'虚'的地方填满……"

一个人若是被虚荣心蒙蔽双眼，就会看不清前进的方向；一旦为满足虚荣心而疲于奔命，生活就会陷入漫长的自我消耗。

美剧《风骚律师》中，律师索尔·古德曼刚入行时，收入微薄，只好将事务所安置在一家洗脚店的隔间里。每次见客户，索尔都谎称办公室正在装修，然后换上昂贵的西装，花钱请客户去高档咖啡厅商谈。他并没能因此吸引更多客户，反而将大部分收入用于咖啡厅消费以及西装的日常干洗。眼看就要入不敷出，索尔不得不直接在洗脚店约见客户。他很快发现，那些寻求法律援助的客户，根本不在意他的事务所简陋与否。从此，索尔将打造形象的精力用在法律业务上，很快就打赢了几件大案。

几年后，索尔成为业内知名律师，但他仍将办公室安置于原来的隔间。朋友们劝他租个高档写字楼，他指着洗脚店外排成长队的客户说："让他们找上我的，不是精致的办公室，而是我这些年翻烂的卷宗和不断提高的胜诉率。"

假金方用真金镀，若是真金不镀金。当你从一个更高的层次去看，你会发现，与自己的人生目标相比，曾经想要炫耀的东西是如此微不足道。这是一个靠实力说话的时代，努力积蓄力量，不断锤炼自我，每个人都终收获自己的成功。

所谓自律，就是做好精力管理

《哈佛商业评论》的作者托尼·施瓦茨讲过这样一个故事。

他的朋友万纳是一家著名会计师事务所的高级合伙人，为了处理繁杂的工作，万纳每天要工作12~14个小时，经常感到精疲力尽。

施瓦茨在了解他的处境后，给出一个建议：你应该管理精力，而非时间。比如，做那些不得不做的事情，把其他事情授权给他人来做；再比如，调整工作习惯，在精力最旺盛的时候处理最重要的事情，保证工作效率。

万纳照做了，过了一段时间，他的精气神明显比以前好多了。

所谓自律，不仅仅是早睡早起，按时学习或锻炼，更是要科学管理自己的精力，尽量不要浪费在没有回报的地方。我们每天要面对复杂的社会关系、生活的种种不易，每天都有一大堆事,学会管理精力,把精力放在重要的事情上,才是我们应有的自律。

01

《醒世恒言》中有这样一句话:"事非干己休多管,话不投机莫强言。"

有人说,人生只有三件事:自己的事、别人的事、老天的事。意思是老天的事我们管不着,自己的事一定要管好,别人的事尽量不要去管。

一位博主曾自述经历,说她年轻时好管闲事,别人的事情她都想掺和一把。当时,单位有同事买了新房,正准备装修。她得知后,放下手里的工作,迫不及待地给同事传授经验:"听我的,客厅铺木地板,不要贴瓷砖。厨房千万不要装成开放式的……"她事无巨细地向同事交代如何装修,下班后不得不补上白天落下的工作。过了一段时间,当她询问对方装修进展时,同事却告诉她,已经装修好了,他还是选择了瓷砖,选择了开放式厨房。她顿时觉得一盆凉水从头浇到脚,原来自己说了那么多根本就是白费力气。

我们过多操心别人的事,不仅浪费自己的精力,还容易讨人嫌，简直有百害而无一利。

曾国藩的四弟仗着哥哥的威信，在乡里好管闲事，经常替人出头，结果因为操劳过度，大病不起。曾国藩写信劝诫他："弟现在不管闲事，省费许多精神，将来大愈之后，亦可将闲事招牌收起，专意莳蔬养鱼，生趣盎然也。"曾国藩劝弟弟不要多管闲事，痊愈后把精力放在自己身上，享受清静的生活。

每个人的精力都是有限的，与其耗费在别人的事情上，不如把精力放在提升自己、过好自己的日子上。

02

莫言在《晚熟的人》里讲过这样一个故事。

莫言出名以后，招来表弟宁赛叶的忌妒。宁赛叶写了一篇小说《黑白驴》，以莫言表弟的名义在报纸上连载，却几乎没人看。于是他找到莫言，嘲讽莫言这么愚笨的人居然都能出名，而自己满腹才华却无施展之地。他还指责莫言不肯向别人推荐他的作品，是因为忌妒他的才华。

莫言受到无端指责，本想反击，但转念一想，若是与宁赛叶争辩，只怕他会越说越来劲，不如息事宁人，避而远之。

人生在世，我们难免会遇到讨厌的人和烦心的事，若与之计较，只会让自己陷入坏情绪的泥淖，不断消耗自己的精力。

你要知道，事情都是有成本的，跟烂事纠缠搭进去的是你自己的精力。口舌之辩，意气之争，每一样你都去纠缠，哪还有时间去做自己真正该做的事情呢？

03

东京大学心理学博士吉田正雄做过一项实验。他邀请了100位条件相当的志愿者，把他们分为两组，布置了一个相同的任务。他对第一组的要求是：全盘考虑事情完成的方法、过程以及可能发生的意外情况。对第二组的要求是：去做就好。实验结果显示，第一组花费的时间是第二组的两倍，然而完成的质量远不如第二组。因此，吉田正雄得出结论：凡事思虑过度，反而会表现得更差。

生活中，很多人都有这样的经历：第二天要参加述职汇报，前一天晚上就辗转难眠，担心发挥不好；在电梯里遇到领导，没有主动打招呼，就担心领导会耿耿于怀，以后给自己使绊子；给恋人发消息，没有得到及时回复，就开始胡思乱想……

这些过度思虑就像心里住着两个小人，在不停拉扯、打架，消耗你的精神能量。

挪威心理学家诺德斯克，21岁时在部队服役。有一天深夜，部队紧急集合，开展军事演习。他急急忙忙上了演习场，刚俯身系好鞋带，演习就开始了。

从那一刻起，诺德斯克满脑都在纠结一个问题：我的鞋带系好了吗？跑步的时候，他在想：刚才只是随便绑了一下，万一松了怎么办？拿起武器准备战斗时，他又在想：鞋带会不会已经松了，一会儿就会把我绊倒？

就这样，诺德斯克反复纠结，根本没有办法集中精力进行演习，最终导致他左腿中弹。然而可笑的是，那根鞋带从头到尾一直好端端地系着。

管理精力，便是管理人生。我们不管闲事，不缠烂事，不过度耗费心力，才能在漫长的人生中保持充沛的精力，活出最真实的自己。

管好自己的偏见,走出傲慢的洞穴

01

我曾在一部纪录片里看到过这样一幕:部分美国人对中餐有一种天然的抗拒,他们认为中餐在烹饪中添加了味精,吃了以后会出现头晕、口干舌燥、血压升高等反应。在美国,为了打消顾客的顾虑,很多中餐厅都会在门口显眼的位置打出标语:"为了您的健康,我们绝不使用味精。"即便如此,很多美国人依旧不敢踏入这些中餐厅。

让美国人抗拒的,真的是味精吗?一位名叫张戴夫的韩裔大厨做了一个很有意思的实验。

张戴夫邀请了一些志愿者,让他们谈谈吃中餐的感受。一位女士描述自己吃中餐后的经历,说味精让她有一种可怕的紧束感,感觉脑袋在收缩,下巴也发麻。还有一位中年男人说，他每次路过一些中餐厅，都会想起吃味精后的不良反应，忍不住浑身颤抖。

张戴夫并没有急于反驳他们，而是拿出一袋袋零食分发给大家，让大家边吃边聊。当大家聊得正起劲时，食品专家登台，说他们正在吃的这些零食里都添加了味精。

所有人都呆住了。专家进一步解释说，味精是美国使用最多的食品添加剂，很多加工食品中都含有味精，中餐厅绝非主要使用场景。

很显然，真正让美国人抗拒的，不是中餐里使用的味精，而是他们对中餐的偏见。

叔本华说过一句话，大意是：阻碍人们发现真理的障碍，并非事物的虚幻假象，也不是人们推理能力的缺陷，而是人们此前积累的偏见。

一个人一旦对某件事产生偏见，就像被偷走了内心的真实判断，只剩下偏颇而狭隘的观念，阻止他去了解事物的全貌。

02

作家毕淑敏写过一篇文章，叫作《翻浆的心》。

文章里写道，毕淑敏从西藏回家探亲，在路上遇到一个浑身是土、衣衫褴褛的男子想要搭车。男子声称自己的妻子生了孩子,没有奶水,他跑出来借了点儿小米,要赶回去给孩子熬米汤喝,否则孩子就会有生命危险。出于怜悯,毕淑敏让男子上了车。

车子启动以后,司机告诉毕淑敏,说他以前有个同事,遇到一个很可怜的人搭车,结果上车以后,这个人就杀害了他的同事,将尸体扔在了沙漠,然后独自开车离开了。毕淑敏听完心里一沉,她回过头再去打量刚上车的男子,发现男子正手脚麻利地搬动她的提包,提包里装的是她给父母买的礼物。司机也发觉了该男子的行为,立刻加快了开车的速度,车子发生剧烈的颠簸,男子只能紧紧地把提包抱在怀里。

好不容易到了目的地,男子正准备离开时,毕淑敏叫住了他,她要检查一下自己的提包里有没有少了东西。毕淑敏进入后车厢,发现自己的提包被结实地绑在木条上,捆绑的那根绳子正是男子用来扎米口袋的绳子。原来,是她捆绑提包的绳子断了,男子正好靠近提包,便用自己的绳子重新把提包固定起来。

了解了前因后果的那一刻,毕淑敏说,自己的心犹如凌空遭遇寒流,冻得皱缩起来。

我曾看到过这样一句话:"别以为只有自己才会被偏

见伤害。当你用偏见去拒绝这个世界的时候,世界可没空搭理你,世界只会把你晾在一边。"

人人都不喜欢偏见,可人人都会有偏见。

偏见仿佛一副有色眼镜,我们一旦戴上,就使世界失去了它原本的颜色。

03

有句老话说,针扎不到自己身上,就不知道有多痛。偏见也是这样。

很多人都不知道,偏见会造成多大的影响。偏见,可以让人与人之间的关系越来越远,让我们失去对事情进行客观判断的能力。我们一时的偏见,甚至会给别人带来长久的自卑。

生活中,我们经常会不自觉地萌生带有偏见的想法。比如发生交通事故,如果一方是女司机,我们就认定是女司机的责任,因为"偏见"会告诉我们:女司机都是"马路杀手";如果一个人体重过于超标,我们就觉得这个人生活不节制,经常胡吃海塞,而没有想过肥胖可能是家族遗传,或者他身体出现了异常状况;如果一个人身上有文身,我们就断定这个人性格冲动,有暴力倾向,一定不是好人……

然而，你坚信的东西未必就是正确的，有些事情并不是你认为的那样，所以不要用偏见去轻易定义或评论他人。

管好自己的偏见，不要只通过刻板印象和固有认知去评判事物，也许你能发现一个更客观的世界。

04

《认知突围》中有这样一句话：当你的头脑中已经形成了某个预设立场或当你倾向于得到某个结果时，你就更容易在搜寻证据的途中不知不觉地偏离公平。

很多时候，你认为事物不合理，多数是因为你的认知层次不够，固有的思维让你无法准确理解超出认知的事情。生活中绝大多数的歧视都源于偏见，而之所以会产生偏见，则是因为认知层次低。

一个人想要消除自己对世界、对他人的偏见，并无捷径，唯有拓宽知识面，审视自己，保持理性思维。

当你的认知水平达到一定高度的时候，你就会懂得尊重那些你所不理解的事物。当你的知识足够丰富，眼界足够宽阔时，偏见就会越来越少。

一个人只有消除偏见，才能看到更美好的世界，遇到更多优秀的人。

多从自己身上找原因

遇到问题总喜欢从别人身上找原因的人，容易活得稀里糊涂。真正活明白的人，则懂得观心自省，对自己多一分审视，对他人少一分苛责。

01

在电影《立春》里，心高气傲的黄四宝一门心思想考中央美术学院，却连年落榜。年近30岁的他还没有一份正经工作，整天待在家里啃老。心情不好时，他就喝得醉醺醺的，还自诩是艺术家的清高。眼看已经是第六次落榜了，他依然不检讨自己，逢人就抱怨老天，认为自己怀才不遇，甚至埋怨家庭没能给自己好的出身。

反倒是黄四宝的表哥周瑜，早就看清了黄四宝心比天高却好吃懒做的行为，一针见血地指出："整天怪这个怪那个，我看最该怪的就是他自己。"

怨天者无志，怨人者心穷。有些人习惯在外部环境找原因，这个有错，那个有错，反正自己永远没错。这样的人是无法真正进步的，只会在怨天尤人中逐渐迷失方向。

作家金惟纯早年曾有一段颇为惨痛的经历。那时候他带着满腔热情，创业做《商业周刊》，谁料杂志刚办了一年，就遭遇了严重的经济危机。公司耗费大量的人力、财力，出版的杂志却无人问津，最后入不敷出，只能不断地借钱还债。有资源，有才华，可为什么杂志就是卖不出去？

向外寻求原因无果后，金惟纯便向内剖析，从自身开始解决问题。在一次年终大会上，他当着全体员工展开了自我批评：

"是我经营无方。"

"我们做得一无是处，都是我的错，是我假装自己很厉害。"

……

第二年，杂志社竟然起死回生，并且越办越好，成为台湾地区第一大杂志社。

这是为什么呢？因为抱着"这一切都是我的错"的念头，金惟纯开始低头干实事。由此，公司也开始起死回生。

后来金惟纯讲过为什么"都是我的错"如此神奇。一个人能认错,说明他有惭愧心,能虚心待人。认错范围有多大,就代表心量有多大。

没有深刻的自我反省,就很难有惊人的自我超越。从自己身上找原因,是一个人强大起来的捷径。多改正一个问题,多补上一个漏洞,人生就会多往上迈一级。

02

有一回,季羡林受邀外出讲课,出门前想起还没给君子兰浇水,便嘱咐保姆给它浇水。

没想到,等他回家时,他却发现君子兰已枯萎了。季羡林询问后才得知,保姆给君子兰浇完水后,看见窗外阳光正好,就特意把君子兰搬到太阳底下。可她不知道,君子兰喜凉爽,惧高温。

心爱的君子兰枯死了,季羡林感到很难过,保姆也有些手足无措。恰好季羡林的儿子季承前来探望父亲,知道此事后便想说保姆几句,季羡林却摆摆手为保姆说话,还反过来安慰了她一番。季羡林给儿子解释道:"这件事确实不怪她,责任在我。他人犯错,常有己过。我明明知道阿姨不懂得怎样养护君子兰,可还是把这件事交给了她,你说这是不是我的错？"

从季羡林的身上我们看到，责人先问己，恕己先恕人，这是刻在骨子里的修养。

春秋末年的思想家曾子一直秉持内省慎独，每天都要叩问自己以正己修心，后世尊其为"宗圣"；曾国藩长期写日记反思自己的一言一行，改掉诸多毛病，成了"天下第一完人"。

内求自省，是人生修炼的必经之途。每个人只有自我鉴照，在一言一行中修炼自己，才能成为一个优秀的人。

03

人与人的关系之所以会陷入困境，很多时候是因为我们只盯着对方的问题，而对自身的缺陷视若无睹。在别人冷眼相待时，我们先反思自己的刺是否扎伤了别人；在别人蛮不讲理时，我们先思考自己做的事是否合乎情理。

懂得反思自己的人会用一只眼睛看别人，留一只来审视自己。与人相处，从自己身上找原因，是一种和谐的处世观。每个人心中的尺子，当用于量己，而非量人。

有位心理学家把人的价值观分为两类：一类叫弱势价值观，另一类叫强势价值观。两者最大的区别就是，弱势价值观遇事问"凭什么？"，习惯性向外归因；而强势价值观却习惯于问自己"为什么？"，善于向内探求缘由。人与人之间的差距也由此产生。

我们若凡事归咎于外因，就很可能会将自己困于樊笼，在抱怨中消耗自己。而我们只有遇事多从自己身上找原因，反躬自省，才能在漫漫人生路上，看得清楚，活得明白。

遇事的态度，影响了你的人生高度

我曾在网上看到过这样一句话：一个人遇事的第一反应里，藏着他的学识、见识、品格和修养。而这个反应，也决定了他的生活品质。

人这一生总会遇到一些不平常之事，一个人过得好不好，很大程度上取决于他遇到这些事的反应。有人说，人生没有彩排，每天都是现场直播。是的，谁也不知道下一秒会发生什么。但你遇到不平常事情的态度，影响着你生活的温度，也影响了你的人生高度。

01

生活中，我们常常会遇到很多无法预测的突发状况。我们遇事越是着急，头脑就会越混乱，就越容易把事情搞砸。其实，人生的很多智慧，往往都藏在沉稳与冷静里。

第一次读杨绛女士的《我们仨》时,我就对她的那句"不要紧"印象深刻。

家里门轴坏了,关不上门,杨绛笑着说:"不要紧。"钱锺书头上长了个疖疮,心情烦躁,她安慰道:"不要紧。"其实钱锺书每每遇到郁闷的事情,她都会温柔地劝道:"不要紧。"就算后来被分派去干体力活,比如扫厕所,她依然觉得"不要紧"。杨绛一生平静从容,不管遇到什么事,似乎从来都不曾慌乱过。

简单的"不要紧"3个字背后,藏着的是她"静心沉稳"的人生哲学。

生活就像一场拳赛,我们越是心浮气躁,越容易自乱阵脚,失去理性判断。我们只有静下心来,控制住自己的情绪,沉着应对,才能见招拆招,笑到最后。

古训有云:"知止而后有定,定而后能静,静而后能安,安而后能虑,虑而后能得。"也就是说,我们只有冷静下来,才能摆脱坏情绪的控制,保持头脑清醒;只有不慌不忙,才能摆正心态,有条不紊地应对困难。

心浮气躁的人,难成大事;真正的强者,大都心平气和,静水流深。急事当前,能沉得住气,稳得住心,是一个人很了不起的品质。

02

周国平曾说:"生活原本就是有缺憾的,人生需要妥协。不肯妥协,和自己过不去,其实是一种痴愚,是对人生的无知。"

这世上没人能一路顺风顺水,生活中多的是不尽如人意的事。我们总爱钻牛角尖,只会让自己陷入死结;一味较劲,只会给自己添堵。有时困住我们的并非困难本身,而是我们不知变通的大脑。

遇事学会"拐弯",你就会发现:山重水复和柳暗花明,往往就在一念之间。

作家史铁生去世后,他的好友曾感慨道:"写作对于他,有改头换面的作用。"

21岁那年,双腿瘫痪的史铁生从乡下回到北京静养。清华附中的天之骄子,本该有大好前途,如今只能依靠轮椅生活。

被命运逼至绝境的史铁生,心中曾一度充满迷惘与痛苦,对未来失去了希望。他日复一日地往返于地坛,消极了一段时间后,他终于接受了现实,拾起笔,走上了写作之路。

27岁那年,他从零开始学习写作。

40岁时,他终于凭《我与地坛》一文在业内引起反响。后来他又相继出版了《病隙碎笔》《务虚笔记》等,享誉文坛。

在命运的高墙面前,史铁生硬生生地用纸笔为自己开辟了另一条路。

就像他自己所说:"左右苍茫时,总也得有条路走,这路又不能再用腿去蹚,便用笔去找。"没有谁的生活是一成不变的。人要知前进,更要懂"拐弯",不断调整自己的方向,慢慢适应脚下的路。

你试着跟生活和解,便会发现,没有过不去的坎儿,却有可转过的弯儿。前方疾风骤雨时,你转个弯儿,也许就会看到另一片晴天。

03

很多人读完倪萍的《姥姥语录》,很难不喜欢上书中那个乐观善良的老太太。

书中的姥姥一辈子没读过书,却被土地滋养出了独有的生活智慧。知足常乐的她,觉得自己一生虽然没能遇见大幸福,小幸福却天天有。正是凭着这种乐观的生活态度,她才能从那个年代的苦日子里熬过去,活到99岁高龄。

"人呐,看得开,放得下,这辈子才开心。"这是姥姥对自己人生的感慨,何尝不是对我们的劝慰与提醒?

没有人能无忧无虑地过完一生。小时候,我们为了学业和未来烦恼;好不容易长大了,又要为生计奔走忧愁,为孩子操心;接着"中年危机"又跟着来了……这是绝大多数人的生活轨迹,越是消极抱怨,生活轨迹越会曲折。

相信很多人都听过"挠痒定律":开始不觉得哪里痒,突然挠了一下,反而越来越痒。

其实烦恼也是这样,你如果总去想它们,只会越想越烦,越想越糟。你把它们放到一边,不去理会,生活也许就是另外一番风景。

人生如果背负太多,就难免苦累;只有一念放下,方能万般自在。因为你无法左右事情的发展,却可以调整自己的生活态度。人生拼的从来不是体力,而是心态。让自己积极乐观起来,不仅是活明白的第一步,更是勇攀人生高峰的基石。

永远不要做房间里最聪明的人

戴尔公司创始人迈克尔·戴尔在母校得克萨斯大学演讲时，有学生问道："是什么习惯帮助您白手起家，创立全球最大的个人电脑公司？"

戴尔回答："别做房间里最聪明的人。"

面对众人的疑惑，戴尔解释道："起初我是大学里学习最差的学生，我就向成绩最好的人看齐。当我觉得无法从他们身上学到更多东西时，我就选择退学创业，去向惠普、苹果等业内优秀企业的管理者学习。每个阶段我都能找到比自己聪明的人，将他们作为目标，激励自己不断改变。"

知不足而奋进，望远山而力行。不做房间里最聪明的人，就是见贤思齐，在人生道路上日拱一卒。

01

莎士比亚在《皆大欢喜》中写道:"愚者自以为聪明,智者则有自知之明。"为人处世最大的智慧,就是坦然接受自己的不足。

重温美剧《生活大爆炸》,我对主角谢尔顿印象深刻。

谢尔顿14岁获得博士学位,24岁成为加州理工学院教授,是大家公认的天才。

在一次学科竞赛中,谢尔顿不屑和任何人组队,而是随便找了几个队友,并要求他们在比赛时保持沉默。他认为凭借自己的智慧,即使独自对阵所有选手,也能轻松夺冠。谁知决赛时,谢尔顿遇上一道让他百思不得其解的题目,而被他拉来凑数的队友却轻松给出了答案。谢尔顿担心这个回答一旦正确,便会显得队友比自己聪明,于是宁可输掉比赛,也拒绝提交队友的答案。

作家劳伦斯·冈萨雷斯在《欺骗魔鬼》一书中写道:"那些为了证明自己是最聪明的人,往往都会去做最愚蠢的事。"

狂妄源于浅薄,低调基于见识。越是浅薄的人,越容易被一时浮云遮望眼,自认为天下无人可及。而有自知之明的人,即便功成名就,也懂得山外有山,总是能收敛锋芒，低头赶路。

02

很多时候，限制一个人发展的并非能力不足，而是让人感觉不到差距的环境。

正如红杉资本的合伙人道格·莱昂所说："别总想做圈子里最优秀的人，如果你已经是的话，我建议你换个圈子，或请来一位更高明的人。"

著名书法家柳公权，7岁时便成为当地最精通楷书的人。他时常将自己的作品挂在自家门前，听着街坊邻居的赞赏，内心十分得意。直到有一天，一位游访的外乡人看到他的书法后摇头："字虽秀气，但笔锋太薄，如松垮的豆腐。我们那里有人用脚写的字，也比这个好上许多。"

柳公权听后恼羞成怒，连夜赶到这个人常住的地方，果然遇到一个摆摊写字的摊主。这位摊主双手残疾，但他用脚趾夹笔在纸上写的字，笔势苍劲雄浑，让柳公权自愧不如。从此，柳公权离开家乡，带上纸笔游历四方。每到一个新的地方，他都要去寻找比自己更精通书法的人，虚心求教，博采众长，他的书法功力也在这个过程中得以不断提升。

一个人即使鹤立鸡群也不能骄傲自大,否则就可能被平庸同化,然后泯然众人。离开让你得意的环境,主动接触更优秀的圈子,才能让你不断发掘自己的潜力,激发自我提升的动力。

03

美国著名投资家查理·芒格说:"最聪明的人,是那些能分辨出谁比自己更聪明的人。"我们与其成为小圈子里的佼佼者,不如同高人为伍,努力提高自己的层次。

网友苏苏曾在网络上分享过自己参加摄影集训班的故事。

集训班采用小组教学,学员们需自行组建4~5人的小组,合作完成随堂作业。

起初,苏苏和3名年龄偏小的学员组队。他认为,自己的拍摄经验比这些学员都要丰富,很容易就能当选小组组长。这样,他便能代表小组进行汇报,给老师留下深刻印象,为将来争取更多的资源。

然而随着集训推进,苏苏作为组里经验最丰富的成员,不得不负责大部分工作。遇到自己束手无策的部分,他也无法向组内成员寻求指导。最终,苏苏小组的作业完成得不是很理想，而其他小组的作品，在选题、剪辑和拍摄手法等各方面，都远胜于他的小组。

结课的时候，苏苏懊悔不已——如果自己当初和那些比自己优秀的学员组队，即使当不了组长，也能学到不少东西。

在帖子最后，他写道："别总想着做最聪明的人，也许你会因为'最聪明'获得一些心理优势，但与此同时，你也会失去学习和进步的机会，以及倾听不同声音的可能。"

真正清醒的人，不会想着在一群"菜鸟"中寻找优越感，而是会进入一个优秀的圈子，发现自己的不足，将差距化为进步的力量。

"天下第一"的优越感固然充满诱惑，然而，你眼里的天下，很可能不过是别人眼里的井底。

因此，别去做圈子里最聪明的那个人，你成为"天下第一"的那一刻，也应该是你抽离优越环境，寻找更多成功可能性的时刻。

第三章

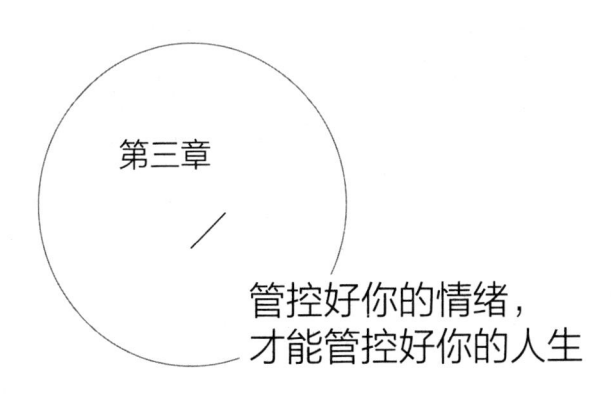

管控好你的情绪，
才能管控好你的人生

人这一生，都在为情绪买单，欲成大事者，必先修心

最好的养生，是养自己的脾气

万境由心起，万病心中生。最好的养生，就是养自己的脾气。

01

我曾在网络上看到过一个女孩崩溃大哭的视频，了解后才得知女孩的不易。

女孩独自在外地打拼，工作很忙，每天回到出租屋时都已是凌晨。那天，她饿着肚子回到家，撑着疲惫的身体给猫粘毛，却因为撕不开粘毛器上的纸，突然蹲在地上放声大哭。那一刻，所有的委屈悉数涌了上来："我从小到大，学习都很努力，但成绩却总是不尽如人意……回家路上被骑自行车的小孩撞了，却反被他家长骂不长眼……回到家也只有一个人，感觉冷冰冰的……"

视频中，女孩越哭越大声。评论区里，无数人纷纷表示仿佛看到了自己。

我曾在网上看到一句话："在我们的认知系统里，总是存在着'乐观是好的，悲观是不好的''外向是好的，内向是不好的''自信是好的，自卑是不好的'等各种过于'正确'的观念。所以很多人都选择迎合社会标准，强制修正自己。"

不知从什么时候开始，"情绪静音""做一个不动声色的大人"，成了成人世界的标配。越来越多的人学着压抑自己，却憋出了内伤；虽然当众控制住了愤怒，独处时却会自己生闷气；虽然没在外人面前袒露悲伤，但夜深人静时依然会反刍自己的痛苦……

其实，情绪不会无缘无故消失，忍住不表达只是暂时被你压抑住了，并不代表你控制住了它。

02

如果负面情绪长期被积压，得不到发泄，人的攻击性就会转而向内，一旦向内攻击，首当其冲的就是你的身体。

有位网友在不到30岁的年纪，被确诊卵巢癌中期。

在别人看来，她算得上"人生赢家"：凭自己的努力在广州买房落户，工作稳定，前途大好。但她自己也没想到，自己会生这么重的病。

为什么这么年轻就患上了卵巢癌？答案就藏在被她常年压抑的负面情绪里。

她上初中时，家中经济条件一落千丈，父母因此离婚。此后许多年，她一直愁眉不展、郁郁寡欢，遇到什么不开心的事都憋在心里。长年累月下来，癌症就悄无声息地找上门来了。

身心全息疗法创始人肖然曾说："有太多的心脏病患者，你去了解他们的人生经历，他们一定积累了很多伤心、委屈，甚至因过度承担而产生的压力。此外，我们常见的乳腺癌、高血压等，都跟无法处理好情绪有关。"

你的身体状况，就是你心情的晴雨表。很多身体上的病痛，都是负面情绪种下的毒。

03

《情绪急救》一书中提到过一个特别有意思的现象：人们从小就被教导如何照顾自己的身体，却对如何疗愈心理创伤不以为然。

当情绪出现问题时，我们总奢望简单地依赖时间去冲淡一切，但往往事与愿违。没有处理好的情绪犹如垃圾，并不会凭空消失，只会越积越多。

电视剧《女心理师》中，乖乖女蒋静每天穿着漂亮的裙子，优雅地弹着钢琴，但她实际上一点儿也不快乐。

她的母亲脾气暴躁，控制欲又强，逼着她练琴，动不动就对她非打即骂。她不敢反抗母亲，只能一次次把委屈压在心里。长大后的她，经常独自缩在角落，脑海里全是小时候被打骂、被体罚的画面，恐惧得瑟瑟发抖。后来，她开始暴饮暴食，因为怕胖，又对自己强行催吐，引发了严重的肠胃疾病。

绝望的她，一度想要自杀。在心理咨询师的帮助下，她意识到自己之所以出现种种"自残"的行为，是因为曾经的心灵创伤太重了。她开始寻找坏情绪的源头，和母亲进行深度长谈，一点点把自己从抑郁的深渊拉回来。

有人说："最重要的情绪管理，是你要相信没有任何一种情绪不应该。"有情绪，并不代表你不成熟，只是这种情绪正在影响你，需要及时排解、释放。

接纳自己的负面情绪，是自我疗愈的第一步。

04

负面情绪不会自己消失,反而会如滚雪球般越滚越大,堵在心里,甚至成为一个心结,使你的行动和身体都会受到影响。

当你发现自己的负面情绪正在消耗你的精力时,你应反过来控制它,疏通情绪,做自己情绪的主人。

记录

美国韦恩州立大学曾经做过一个实验:邀请一群纤维肌痛综合征患者连续3个月在纸上写下自己的负面情绪。3个月后,这群人病情开始有了好转,他们睡得好,去看医生的频率也减少了,身体状况有了明显改善。

日本精神行为专家也建议,将自己的不安与焦虑以书面形式写到记事本上,能成功将坏情绪从大脑转移出去,减轻压力。

每个人都会有负面情绪。当你选择如实记录自己的想法,诚实地面对内心时,你也就为自己的负面情绪找到了一个出口。

宣泄

在纪录片《他乡的童年》里,日本一位感泪疗法师会在自己的课堂上教学生通过"哭"来宣泄自己的情绪。许多学生刚开始会觉得"哭"是一件令人难为情的事,但当他们第一次哭出来之后,他们感觉到前所未有的放松。

以色列有句谚语:"不能够全心全意哭的人,也不能全心全意地笑。"

在成年人的世界里,我们已习惯了压抑自己的情绪,但在独处时别忘了给它找一个宣泄口,尽情释放自己的内心。

倾诉

生活中,许多人有了情绪上的困扰,往往选择故作镇定,不去书写,也不去倾诉。

但在《另一种选择》一书中,作者桑德伯格却告诉我们,表达自己的感受并不疯狂,你可以从他人那里获得支持。

桑德伯格曾因丈夫的突然离世而陷入悲痛中久久不能自拔。后来她主动找亲朋好友倾诉,寻求心理宽慰,才从丧夫之痛的阴影中走出来,开启了新的人生。

当你有了倾诉对象时,烦恼便会减半。

比起故作坚强,学会运用合适的方法释放情绪,才能帮助我们更好地掌控自己的人生。

我们不要把"戒掉情绪"作为目标,而是让它随着自己的感受流动。我们要接纳自己的情绪,试着与它和平共处，让它"来"，也让它"去"，才能以一个更健康的状态去探索生活广阔深邃的一面。

负面情绪的积压会让人变得烦躁不安，所以安放好负面情绪是养好脾气的必由之路。我们只有卸下情绪的枷锁，才能在人生的道路上轻装上阵。

不要往他人心里扔石头

做好人和行善事是我们刻在骨子里的文化基因。然而，善良不仅包括物质上的付出和馈赠，也包括情绪上的包容和原谅。在人际交往中，管住自己的脾气，也是一种善良。

01

管住脾气，得饶人处且饶人。

《菜根谭》里说："处世让一步为高，退步即进步的张本；待人宽一分是福，利人实利己的根基。"

有时，你管住一时的怒气和冲动，也相当于给了对方一个缓和关系的机会。

北宋韩琦是一代名臣，有一天晚上，他正在看书，旁边帮他执灯的士兵分了神，不小心烧到了他的鬓发。这个士兵吓得惊慌失措，但韩琦并没有发脾气，甚至连头都没转，顺手就把火灭掉了，然后继续专心看书。过了一会儿，他抬头一看，那个士兵已经被换掉了。韩琦赶紧吩咐卫士："不用换人了，他已学会秉烛了。"卫士立即出去叫回了那个士兵，并让他继续留在军营。

"自出洞来无敌手，得饶人处且饶人。"遇事不必苛太尽，得理不可责太过。遇事收一收脾气，显示的正是你做人的大气。

有一次，宋太宗在皇宫花园宴请群臣。大臣孙守正因喝得酩酊大醉，竟在太宗及众大臣面前争功，大吵大闹，失了礼节。宋太宗并没有动怒，当陪宴的群臣请他当场处罚孙守正时，他也没有理会。第二天，孙守正酒醒后，诚惶诚恐地向宋太宗请罪。宋太宗听后只微笑着说："昨天我也喝醉了，发生什么事都记不清了。"孙守正听后如释重负。

一个人的脾气里，藏着他最真实的教养。因为动怒是本能，能忍怒却是一种善良。

02

管住脾气，学会换位思考。

老子曾说:"大道之行,不责于人。"当你足够成熟时,你就会发现,你责怪的人越来越少,因为你能站在对方的角度思考,体会他人的难处。

东汉时期有一个叫刘宽的人,因为脾气好远近闻名。有一天,他的夫人故意让婢女把一碗肉羹洒到他的朝服上,想看看刘宽会不会生气。结果,他脱口而出的第一句话却是询问婢女的手有没有被烫到。

善良是一种推己及人的关怀和慈悲。尤其是当你身处高位时,你若压住一时的脾气和情绪,就能给他人减少思想上的负担和压力。

战国时期,齐国相国孟尝君,因为位高权重、家财万贯,有许多门客投靠他。后来,孟尝君因遭小人陷害被免了相国的职位,几乎所有的门客都离他而去。只有冯谖不仅没有离开他,而且还想方设法帮他恢复了相位。谁料,孟尝君恢复相位后,那些曾经的门客又纷纷想要投奔于他。孟尝君大怒,想要趁机羞辱他们一番。

此时,冯谖劝道,门客也要生存和生活,他们的做法只是人之常情。听了冯谖的劝告,孟尝君没有为难那些门客,而是大方地再次接受了他们。

我们只站在自己的角度,看见的全是自己的不满和不甘;只有设身处地为他人着想,才能体谅他人的无奈。将心比心，便是善心。

善于换位思考，就不会因鸡毛蒜皮的小事为难他人。这样的人，宽厚豁达，能管住自己的脾气，也更能结善缘，成大事。

03

管住脾气，勿以身贵而贱人。

《礼记》里有句话："君子贵人而贱己，先人而后己。"

我们只要对生活中的每一个人都心存最基本的尊重，就不会随意对他人发脾气。一个人真正的高贵，从来不是因为外在的地位，而是在于内在的修养。

思想家梁漱溟的长孙梁钦元，曾讲过一件事。

有一天吃晚饭，保姆为梁漱溟盛了一碗青菜汤。梁漱溟抿了一小口后，语气平和地请求保姆往汤里加点儿开水。随后梁漱溟小啜一口，又反复请求保姆往汤里加了三次水。保姆有些疑惑，拿起汤勺自己尝了一下菜汤，结果刚咽下去就大叫起来："肯定是我糊涂了，往汤里放了两次盐。"保姆非常愧疚地看着梁漱溟，一时没忍住，眼泪就掉了下来。梁漱溟却缓缓说道："你并不是有心的。

把汤倒掉,又太浪费了。我只想加些开水,把它喝下去就是了。"

有教养的人,并不是不会发脾气,他们只是不会把脾气发到一个比自己弱的人身上。

当你不把自己抬得太高时,你就会把脾气压得很低。不轻贱他人,是一种慈悲;不以势压人,是一种善良。所有对弱者肆意的指责和暴怒,皆因内心缺乏同情和悲悯。

有句话说得好:"成熟是对很多事都能放下,都能慈悲,都能以善的心对待他人和这个世界。"曾经我们以为善良是给他人提供实际的帮助和好处,后来才明白,即便不能往他人包里装馒头,也不要往他人心里扔石头。

能掌控生活的人,都能管得住自己的脾气。

忿而不怒，忧而不惧，悦而不喜

人有情绪是正常的，但很少有人能做到忿而不怒，忧而不惧，悦而不喜。一个人如果能做到愤怒而不至失控，忧愁而不陷入恐惧，喜悦而不忘形，不越界，不放纵，将情绪掌握在自己手里，就不会去伤人伤己。

01

春秋时期，齐桓公的宠妾蔡姬在一次划船的时候，故意摇船，吓到了齐桓公。齐桓公一气之下把她赶回了娘家。蔡姬的哥哥蔡穆侯是蔡国国君，他一看妹妹被赶了回来，一怒之下，又让妹妹嫁给了楚成王。齐桓公十分愤怒，直接出兵灭掉了蔡国，俘虏了蔡国国君。可他还觉得不解气，又对楚国出兵。结果齐国损兵折将，依然拿不下楚国，最终不得不与楚国议和，才结束了这场荒唐的战争。蔡穆侯一怒引来国破身囚之祸,齐桓公一怒导致国力衰败,他们都为自己的愤怒付出了代价。

急则有失,怒中无智。一个人处于愤怒中时,很容易失去理智,做出不合常理的决定,损人害己,造成无法挽回的损失。

《三国演义》里刘备因为关羽被东吴所杀,愤怒之下,率领75万大军进攻东吴。张飞命令手下范疆、张达在3天之内为全军置办白盔白甲。范疆、张达觉得这个任务难以完成,向张飞求情。但张飞当时心里积聚着满腔怒火,一气之下重罚二人。范疆、张达自觉无路可走,选择杀掉张飞,投奔东吴。而刘备也因为轻敌冒进,被陆逊火烧连营,几乎全军覆没。

张飞一怒,身亡命殒;刘备一怒,葬送75万大军,自己也一病不起,死于白帝城。蜀汉这一战损失惨重,从此成为三国里国力最弱的一个。

古人云:"怒时易激,虽义愤亦当裁抑。"

忍得一时气,免得百日忧。我们要学会为自己的愤怒寻找出口,等情绪平息后再做决定,人生才能行稳致远。

02

忧虑是人生的常态，但过度担忧，则易被忧虑吞噬。

东汉末年，宦官专权，太尉陈蕃与大将军窦武清除宦官不成，失败被杀。当时朝野一片沉寂，名士郭太每天都在发愁，忧虑国家未来，觉得将来必然会出现天下大乱、民不聊生的局面。不出一年，郭太就在忧惧中死去。

一个人把大量的认知资源投入一件事的思考中，是为了寻找解决问题的办法，而不是悲观怯懦，陷入无休止的恐惧。

唐代姚崇和张说同为宰相，但是二人不和，互相猜忌。姚崇病重之际，担心自己死后家人遭到张说报复。思虑再三，姚崇终于找到了破局之法。他让儿子利用张说贪财的弱点，在葬礼那天把自己珍藏的珠宝全部送给他，趁机提出让他撰写碑文的要求。等张说将碑文写成，就马上刻在碑上，呈报给皇上。在古代，给人写碑文是亲近、信任的意思。出于面子，碑文会写很多夸赞对方品德、功绩的话。皇帝看完碑文，定会以为张说和姚崇已经和解。张说如果再对姚家发难，就成了反复无常的小人。姚崇通过缜密思考和精心布局，顺利保全了家人的性命。

为某件事忧虑是人生的常态，我们与其在忧虑与恐惧中折磨自己，不如把它当成解决问题的动力，为打破困局找到新的思路。

03

卡夫卡有一句名言："心脏是一座有两间卧室的房子，一间住着痛苦，另一间住着欢乐。人不能笑得太响，否则笑声会吵醒隔壁房间的痛苦。"

常言道，乐极生悲，福过哀来。三国时期，曹操率大军讨伐张绣，张绣看曹操势大，选择投降。曹操觉得自己不费一兵一卒就取得了胜利，有些得意忘形，趁机霸占了张绣守寡的婶子邹氏。张绣感觉遭到了羞辱，于是半夜向曹操发起攻击。曹操从睡梦中醒来，仓皇突围。为了保护曹操逃走，曹操的儿子曹昂、侄子曹安民，以及他最喜欢的武将典韦，都惨烈战死，他自己也差点儿丢掉性命。

南宋文学家刘过有诗云："人言快意难得时，世间乐事须生悲。"一个人越得意忘形的时候，越容易生出祸事。所以，懂得止怒，善于控制内心喜悦的人，才是生活的强者。

左宗棠当上浙江巡抚之后，每年的俸禄超过白银4万两。这在当时是一笔巨款，全家上下都很开心。左宗棠的儿子趁机劝他把家里的老宅子好好改建一下，也弄出个巡抚的派头来，长长威风。左宗棠听到这个提议后，马上把儿子骂了一顿，让儿子切忌过分招摇。

与之相反，曾国藩的弟弟曾国荃在攻破金陵之后，得意忘形。他不仅把金陵洗劫一空，还把自己的老家建得堪比王府，最后因为逾越礼制被人告发，很快被夺去职位，灰溜溜地回了老家。

《菜根谭》中有句话："苦心中常得悦心之趣，得意时便生失意之悲。"我们在得意的时候，一定要想想过去的失败和未来的危机，才能给情绪套上缰绳，避免大喜变大悲。

古人云，喜怒哀乐之未发，谓之中；发而皆中节，谓之和。情绪没有表现出来的时候，叫作中；情绪有度地表现出来，叫作和。

一个人只有懂得把握情绪的边界，才能驾驭情绪，从而成为自己情绪的主人。

一个人常常不开心的根源：银牌心态

康奈尔大学心理学教授托马斯·吉洛维奇和他的团队，曾在田径比赛中分析过获奖选手的情绪表现。实验团队根据选手的面部表情，给他们的情绪打分，越开心，分数就越高。

实验结果发现，比赛结果公布时，获得金牌的选手的表情不出意外获得最高得分，而获得银牌的选手，其平均表情分只有4.8分，甚至低于铜牌选手的7.1分；颁奖仪式上，获得铜牌的选手表情分也比较低，不过仍有5.7分，而银牌选手显得更加不开心，表情分降到4.3分。

按照常理，一个人的快乐指数应和他取得的成绩成正比。但托马斯基于后续的样本研究发现：获得银牌的选手总在想自己为何没能获得金牌，所以更容易产生沮丧情绪。托马斯把这种心理现象称为"银牌心态"。

很多时候，一个人不开心的根源，就是喜欢争高低、比好坏，把自己对幸福的感知建立在和别人的比较之上。

01

当我们和第一名还存在较大差距时，我们会为自己的每次进步欢欣鼓舞；当我们和第一名仅有咫尺之遥时，反倒开始对自己万般苛求，心态也变得焦虑悲观。

一旦开始比较，人就容易陷入焦虑，感觉不到轻松快乐。

理查德·布兰森18岁时为打发假期时光，用平时积攒的零花钱编写发行了杂志《学生》。谁也没有想到，他最初刊印的100份杂志被一抢而空。

激动之余，理查德拿着学校帮忙拉到的赞助，和朋友一起创立了维珍公司。起初，他想的是如果公司倒闭，大不了回去念书。随着公司日渐壮大，他每天都活在惊喜和满足之中。

1992年，维珍成为全英国非常知名的公司之一。

这时，理查德的心态却发生了变化：竞争对手投资铁路，他就涉足航空运输；竞争对手旗下有饮料品牌，他就抓紧推出维珍可乐；竞争对手开辟海外市场，他就和美国电信公司组建合资集团……短短几年，维珍旗下新增子公司超过300家，涉足上百个行业，员工超过了5万人。

然而，无休止的扩张和竞争，没有让理查德感到满足，反而让他心力交瘁，再也找不回初创公司时的快乐。精疲力竭的理查德后来在一次采访中感慨："越是成功，就越想比别人更成功，最终让自己深陷痛苦。"

你总是仰望比你过得更好的人，却忘记了自己也在被一群人仰望着。其实人人都可以是幸福的，只是你没有去感知。要知道，即使你过得再好，也总会有人胜过你。一个人凡事都想超过别人，反而会让自己陷入漫长的消耗。

02

过分的比较不会激发潜力，反而会让自己背上层层枷锁。

太多不堪重负的人生，都源于盲目攀比。我们只有放下内心的攀比欲，收回放在别人身上的目光，才能专注自我，走好当下的路。

最近我在网络上看到一位毕业于北京大学的网友分享的经历，深受启发。

她从初中开始，一直到高考，每次考试都是年级第一名。考上北大后她发现，自己引以为傲的成绩，别说在系里，在班里也只能排到中等。突如其来的落差感，促使她将所有精力花在提升自己的排名上。除了熬夜复习专业课，她还参加了多个学院项目，只为在期末考试时获得加分。如此拼搏一年，名次确实提高了，她却身心俱疲，不仅失眠掉发，也没有收获预想中的成就感。

后来她发现，很多排名不高的同学，并非不能获得更好的名次，而是他们选择了创业、考雅思、做科研。这让她突然看到一种新的生活方式：退出为了加分而参加的项目团队，就能投身自己喜欢的材料专业；不再整天泡在图书馆，就能抽出时间去健身、旅游、参加乐队。

放下比较的念头后，她心中郁积的焦虑荡然无存，整个人体会到一种前所未有的轻松。毕业那年，她虽已不是系里的"学霸"，却成功申请到心仪大学的留学名额。这时回头去看，她甚至已不记得大一时班上总分第一名的同学的名字。

古罗马哲学家赛尼加说："如果不跟别人做比较，每个人都能为自己所拥有的感到满足。"

一个人过得快乐与否，始终只和自己有关。你若一味追逐别人的脚步，就只会迷失自己。

03

2016年，里约奥运会100米仰泳的预赛中，傅园慧晋级半决赛。赛后接受采访时，她得知自己游出了58秒95的好成绩，脸上是掩盖不住的惊喜。当记者问她的发挥是否有所保留时，她直言自己"没有保留，我已经用了洪荒之力"。最终，她拿下了中国运动员在奥运会上的第一枚仰泳奖牌，创造了历史纪录。

谷歌人力资源负责人拉兹洛·博克曾说："你不必成为世界上最好的人才，只需要成为你自己最好的版本。"

有时候，我们不禁会自问："凡事都胜过别人，是我们的人生意义吗？"答案是显而易见的，人应该为自己的目标而不是别人的目标活。

每个人的人生起点不一样，拥有的东西也各有差别，若是一味比较，就只会让你越来越自惭形秽。我们与其在比较中消耗心力，不如关注自身成长，发掘自己的优点和长处。这样，当我们拿了"银牌"时，我们也不会忌妒别人手里的金牌。

我们不必羡慕谁，不必和谁比，也不必用别人的尺子丈量自己的生活。在比较的游戏里，没有谁会是真正的赢家。请按照自己的步伐前进，不疾不徐，从容自若。

面对低谷的态度,决定了你的格局

白岩松曾在中山大学演讲时提到过一个学生。那名学生说自己正在遭遇人生中最黑暗的时刻,简直想要放弃自己。一问具体情况才知道,原来是他没有考上清华大学的研究生。

听完他的讲述,白岩松问他:"你以为这叫挫折吗?其实不是,真正的挫折是跟生命相关的大起大落。学业、事业乃至情感历程中遭遇的一些不如意,放到生命的长河中,不过是一段经历而已。你之所以觉得过不去了,只是因为格局太小了。"

格局小的人,心态悲观,习惯性放大一切困难。倘若你格局变大,那些你过去认为难过的坎儿,就变成了微不足道的小事。

01

遇事不怨，人生就会豁然开朗。

比尔·盖茨说过："每个人都要学会接受不可避免的现实，学着去应付缺陷带来的问题，并且不为此而抱怨。"

面对困难，心生抱怨或许是一种本能，能解决问题则是一种本事。

作家刘墉在他的一本书里讲过一个自己的故事。

曾有位大学时期的同学跟他抱怨，说领导太过分，自己每天累死累活地工作，工资却很微薄。刘墉听完，故意跟同学说："这么坏的领导，你辞职也罢。不过你怎么能白干这么久呢？你要多学一点儿东西再跳槽，这样才不亏。"

同学听了觉得有道理，于是天天主动加班，留下来背英文商业文书的写法，甚至连怎么修复印机都学会了，想着要是自己有一天创业了，还能省一笔维修费。就这样，隔了半年，刘墉问同学是否已经跳槽了。同学笑着对他说："我现在升职加薪了，领导很器重我，我干得非常开心，不跳槽了。"

有人说过："悲观者埋怨刮风，乐观者静候风变，现实者调整风向。"我们与其把时间和精力花在无用的牢骚上，不如以积极的心态去提升自己。

《财富》杂志的主编吉夫科文说："格局决定结局，态度决定高度。"一个人的成败得失，都藏在他的格局和态度里。

02

遇挫不怒，往往能厚积薄发。

正所谓"一忍可以制百辱，一静可以制百怒"，与其生气，不如争气。

在路遥的小说《人生》里，主人公高加林原本有一个从民办教师转为正式教师的机会。然而这份来之不易的工作，最后竟被别人顶替了。

面对不公与欺压，高加林隐忍不发。因为他深知，没有实力的反击，是无用的。

为了养活自己，他顶着周围人的嘲讽和侮辱，去城里拉粪挣钱，并且一边拉粪，一边苦钻文学，暗自蓄力。最终，他凭借自己的才华获得了一份稳定的工作，挺直了腰杆，在城里立了足。

在愤怒中还能保持沉默的人，是可敬的。大发雷霆不是本事，暗自蓄力才是远见。毕竟，你如果见过大海的波涛汹涌，就不会惊讶池塘里的点点水花。如果你的目标是山顶，你就不会被眼前的花木绊住脚步。

03

处低不卑，人生处处是风景。

人活一世，重要的不是寻找一路坦途，而是即便荆棘满地，也能够自我调节和治愈。

蔡澜有一次打车，见车里不仅放着花，还挂了装饰，放了小摆件，司机全程保持着笑脸。

当时打车的人少，整个市场不景气，司机大都是愁眉苦脸。蔡澜很好奇，司机说："心态积极乐观一点，运气才会好，就像上个客人刚下车，你就上车了，即刻有生意做。"

好运几乎不会向无精打采的人招手，命运也几乎不同情泪水涟涟的不幸者。

生活仁慈的地方就在于，它会给逃避的人以借口，也会给乐观的人以出路。

我看过一段余华的采访。

余华的成名之路并非顺风顺水，写作初期的他经常被退稿。当时,有位同事就劝他放弃,说自己也曾这样努力过,还说"我的今天就是你的明天"。但余华反倒有一种"你越退我越写"的气势。拿到退稿后,他会先研究为什么会被退回来,然后看看是哪里退回来的,再找一个比它更低档的杂志寄过去。余华说,自己邮寄过手稿的城市,比他后来30多年去过的城市还多。《兄弟》出版时,社会上骂声一片,人人唱衰,而他正忙着和家人在体育馆吹空调看球。采访中,余华整个人显得云淡风轻,但其中的辛酸只有他自己知道。

心有大格局的人,如同占领高地,深知生活的常态是高低起伏,哪怕是在最低的境遇里,也能活出最高的姿态。

树苗不经历风吹雨打,难成大树;人不经历苦难挫折,难有格局。当你以从容不迫的心态面对生活时,人生这条路才会变得更加宽广。

不要为别人的情绪买单

《圈层突围》一书中提到过一个"黑洞人"的概念。它指的是在我们的生活中,有些人像个"黑洞",不停地散发暗黑能量,将周围的人吞噬于情绪的泥沼中。

你本想努力考研,室友灰心丧气地告诉你,阶层已经固化,再努力也没用,你瞬间泄了气;你本想好好工作,看到同事在偷懒,你也忽然没了干劲,和他们一起摸鱼;你本对婚姻充满期待,一些过来人的怨气与愤怒让你没了盼头,错过了对的人。

这些满身负能量的人,不会告诉你生活的好,只会把你拖入和他们一样的窘境。

富兰克林说:"一个烂苹果,足以弄坏一筐苹果。"你若离"黑洞人"太近,就容易被影响,到最后,你会发现,自己总在为别人的情绪买单,生活越来越不如意。

01

相信你也听过不少类似的说法：

"女人过了28岁还没嫁出去，就是大龄剩女。"

"男人到了30岁，就开始变得油腻。"

"人到中年还没有混出个名堂，这辈子也就没什么希望了。"

……

不知道从什么时候开始，我们的身边充斥着各种各样的焦虑：职场焦虑、身材焦虑、容貌焦虑、年龄焦虑……如何让自己在这样的环境下不被焦虑裹挟，保持情绪稳定，内心安定，是现在很多人所面临的共同问题。

在2020年金鸡奖论坛活动中，2019年度金鸡奖最佳女主角咏梅在演讲时谈到这样一个话题：40岁以上女演员的现状。

在演讲中，咏梅没有抱怨年龄给自己带来的困扰，而是很平静地和大家分享了一件事：每次参加活动时，工作人员总是把她的照片修得毫无瑕疵，闪闪发光。她便跟工作人员商量："我的图能不能尽量不修，如果非要修的话，能不能别把我的皱纹都修平了，那可是我好不容易长出来的。"

她说:"小姑娘在担心变老的时候,我已经跟我的皱纹和解了。现在我不仅不会对皱纹感到紧张,反而有些骄傲。年龄不是我的敌人,我的脸上写着我的故事。"

咏梅的一番话,像是一剂良药,治愈了许多迷茫和焦虑的人。现实生活中,每个人都在扮演着不同的角色,也承担着别人赋予的种种压力。

有句话说得很好:在命运为我们安排的时区里,一切都准时,一切都刚刚好。你不必为别人的期待而感到焦虑,也不必被普遍的价值观捆绑。一个人只有发自内心地接纳自己,才能活得自在坦然。

02

一位网友在网络上分享了自己的留学经历。

两年前,这位网友远赴英国读书的时候,遇到了几个和她一样的中国留学生。她本以为大家都是老乡,可以抱团取暖,自己也不会那么孤独。结果,这些人总是抱怨在异国他乡的生活:

有人说不喜欢英国的食物;

有人担心自己的专业课太差,最后考试不及格;

还有人吐槽房东、室友人品不好,总是刁难自己……

后来有一次,她正与母亲通话时,室友在旁边不停抱怨,她一反往日常态,对母亲发了脾气。事后,她才意识到,在那些人的影响下,自己也开始变得焦躁,甚至伤害了最爱自己的亲人。于是,她下定决心调整心情,慢慢减少了与他们的往来。退出这个小圈子后,她如释重负,觉得整个世界都清静了。

人会受环境的影响。一个人在消极的环境里,也会变得阴郁、不安。每个人的承受能力都是有限的,一味接收别人的负面情绪,自己也会崩溃。当你发现自己受到别人负面情绪的影响时,转身离开,是最好的选择。

03

讨好别人,是一场无休止的自我攻击。太在意别人的评价,你就只能活在委屈中,不断消耗自己。

电视剧《女心理师》中的莫宇就是一个习惯讨好别人的人。

作为职场新人,莫宇为了融入集体,挖空心思满足同事们的需求:每天早上,他都会帮同事买咖啡、带早点;接到同事一通电话,他就能从家里跑到单位帮同事加班;在饭局上,即使被灌酒灌得再难受,他也会挤出一副笑脸……莫宇小心翼翼地收敛起自己的情绪，结果并没有得到别人的尊重，反而活得越来越压抑。

后来，通过心理咨询，莫宇才意识到，为了不让别人失望，他做了太多违心的事，唯独忘记了取悦自己。

在心理咨询师的建议下，莫宇开始学着拒绝别人，慢慢地，他的生活回到了正轨。

我们先满足自己，才能满足别人。

你千万不要看到别人不开心，就贸然牺牲自己的感受和权益。要知道，你不可能凭一己之力，照顾身边所有人的失落情绪；也不可能做到事事周全，让所有人都对你满意。当你把自己的感受放在第一位时，你就会发现，那些曾经困扰你的人和事，早已随风消散。

心理学家阿德勒提出过一个概念，叫"课题分离"。他认为，每个人都有自己的人生课题。别人有什么烦恼，别人是否愤怒、沮丧，那是别人要应对的课题。而你的课题，是照顾好自己的生活，管控好自己的情绪，不要为别人的情绪买单。人生幸福的秘诀之一，就是把喜怒哀乐的开关牢牢地握在自己手里。

人生三得：扛得、耐得、忍得

作家王小波说："生活就是个缓慢受锤的过程。"

有人百炼成钢，有人就此沉沦。

我看过越多人的人生经历，就越发觉得：人生需有"三得"，扛得、耐得、忍得。一个人拥有这"三得"，再大的风浪也不会击垮前进的自己。

01

在美剧《绝望的主妇》中，卡洛斯本是一个事业有成的人生赢家。但一场意外，不仅让他卷入官司，更让他变成了一无所有的穷光蛋。

生活这场腥风血雨，打得他猝不及防，但他没有一蹶不振，而是告别过去，重新出发，从最底层做起。为了生活，他做了5年按摩师。靠着这份工作，他赚钱、还债、供孩子上学，撑起了一家人的生活。

人这一辈子，不可避免地会遇到各种挫折。我们既然无法和命运讨价还价，那就遇责担责，遇难扛难。

企业家崔万志曾在《超级演说家》中讲过他的经历。

崔万志出生时，脐带绕颈，无法呼吸，落下口齿不清、终身残疾的病根。求学时，他以优异的成绩考入重点高中，却被校长拒之门外。他只好发奋自学，3年后顺利考上大学，可毕业后又遭遇求职困境。几百份简历投出去，全都石沉大海，他每天最早前往人才市场，排在队伍最前面，却仍被招聘主管嫌弃。崔万志无数次痛恨命运不公，但他明白：抱怨没用，一切都得自己扛。

找不到工作的崔万志只好开始创业，摆地摊、开书店、开超市，最后成立了自己的电商公司。凭着一股韧劲，他硬生生从一个一无所有的普通人变成了身价上亿的企业家。他接受了命运最低的配置，却活出了非凡的人生。

没有谁的生命不起浪花。

生活能打倒怯懦无能的人，却无法撼动一个韧性十足的人。你只要扛得住事，顶得住难，即便命运的浪潮再次袭来，也能有与之一较高下的底气。

02

1985年，电视剧《济公》一经播出，便收获了超高收视率，并在此后很长一段时间成了经典轮播剧。演员游本昌因此被观众熟知，他几乎成了人们心目中真实的济公。

但很多人不知道的是，在此之前，他已经蛰伏20年了。毕业后，游本昌好不容易进入国家话剧院工作，本以为能在话剧表演领域大展宏图，不料此后十几年勤勤恳恳，依旧只是个配角。后来又出于种种原因，他失去了上台表演的机会，转眼小半辈子就蹉跎而过。重回舞台后，他仍跑着龙套，也萌生过退意。

但回顾自己的演艺之路，他又重振信心：舞台上没有小角色，全都是活生生的人。因此，就算表演再不起眼的人物，他也会用心钻研。了解了人物背景，他就去寻找生活中的原型，一边观察他们的动作细节，一边对着镜子一遍遍地模仿练习。甚至很多时候，为了抓住角色的一点点神韵，他每天只睡4个小时。正因如此，他才能在机会来临时稳稳接住，将济公一角演得生动真实。

很多人夸游本昌演技好，说他大器晚成。其实这背后，又何尝不是他日日夜夜的苦熬？没有历尽半生的磨砺，他怎会有如今的成绩！

滴水穿石非一日之功，绳锯木断非一时之力，这世上从来没有随随便便的成功。我们只有挨过一个个难熬的夜，耐得住默默无闻的时光，才能见到来日的光芒闪耀。

03

艺术家马三立被称为相声界泰斗，他的相声生涯却充满了坎坷。

年轻时，马三立除了在天津说相声，还要去各地流浪卖艺。县城、集市，茶馆、路旁，都是他的演出场地。一路上，他被伪军扇耳光、被戏园子老板骗钱、被地痞流氓讹诈……但马三立从不反抗，只是默默忍受，既为生存，也为逗乐大家。

不管多难，马三立都没有放弃自己热爱的相声事业，终于慢慢有了一些名气。可即便如此，他仍没逃过恶人的欺辱，甚至被迫签了5年的卖身契。5年里，他备受打压：不准说相声，不准独自在外演出，只能在反串剧里演丑婆子、傻愣子。但他依然一声不吭，直到剧团解散，才获得自由。

而当他重拾相声，再次出现在大众视野时，由于他业务水平过硬，名声开始爆炸式增长。1947年，他登上了当时最有名的天津大观园剧场的舞台,成为名副其实的相声大家。

苏轼在《贾谊论》中写道:"君子之所取者远,则必有所待;所就者大,则必有所忍。"发生在你生活中的任何事,你都要学会接受,忍得了,方成大事。

"忍"可以让人把心力放在重要的事情上,是一个崛起的过程,是厚积薄发。

曾国藩说:"坚其志,苦其心,勤其力,事无大小,必有所成。"一个人只要扛得住磨难的击打,经得起意外的袭击,那些所谓的艰难困苦,到最后就会化作你强健的筋骨。

提供高情绪价值，是一种难得的能力

曾有一部电影，其情节让我记忆犹新，影片中的主人公负责人力资源管理中的裁员工作，帮助各个公司解雇员工。

这样一份棘手的工作，按理说应该非常容易得罪人。然而，那些被裁的人员不仅不反感他，反而对他很友好。

原因就在于他是一个共情能力非常强的人，他能理解被裁员工的难过、失落与焦虑，总能在给他们带去坏消息的同时，及时安抚他们，帮他们化解失业后的负面情绪。

这种让自己和他人感受舒服的价值，就是情绪价值。能为别人提供高情绪价值，是一种难得的能力。

01

在电影《世间有她》里，有个令人揪心又感慨万千的片段。女主梁静思在一次跟丈夫吵架时，带着哭腔朝丈夫吼："你希望老婆在家生一堆孩子，但又希望老婆会赚钱，最好不要伸手跟你拿……"

她的失望与崩溃已经化成泪水决堤，可这个时候，丈夫不仅对她几近抓狂的情绪视若无睹，反而不甘示弱地反驳："既然我在你心里这么差劲，又这么无能，当初你为什么要嫁给我？"冷冰冰的一句话，让梁静思的心情一下子糟糕到了极点。

她撕心裂肺地吼叫，不是非要争出个输赢来，她想要的其实只是丈夫的理解，或者一句宽慰。但一个在诉苦，另一个不仅没有安慰反而横加指责，这让两人的矛盾不断激化，隔阂不断加大。

《理解了别人的情绪，沟通就成功了一半》一书中写道："与人相处时，你不但拒绝为对方提供良好情绪价值，反而一再消耗对方的良性情绪，强迫对方持续向你支付情绪价值，那么崩盘的就不只是对方的情绪，还可能是你们之间的关系。"

能否给他人带来积极的情绪体验，很大程度上决定了你在各种人际关系中的价值和吸引力。提高情绪价值，能让你在生活中更受欢迎和尊重。

一位博主曾分享过自己的故事。

她有一个相处了17年的好朋友，两人一直以来都相处得很融洽。很重要的一点，就在于她们总能帮助对方及时消化负面情绪。

比如当她工作受挫，怒气冲冲地吐槽领导时，这位朋友从来不跟她讲道理或者截断她的话题，而是第一时间照顾她的感受，半开玩笑地说："可不是嘛，你在他手下工作太委屈了，也太屈才了！"两人一起出去，当她开车走错路时，朋友不仅不抱怨，反而安慰她说："就当我们多看一段路的风景好了。"

因为自己常常被朋友理解、安抚，她也经常以同样的方式回馈对方：在朋友需要的时候，提供积极的情绪支持。

这让两人在这段关系里都获得了巨大滋养。

一段关系里，我们在心理层面有一个非常重要的需求，就是有人能和我们一起应对情绪，因为大多数的倾诉并不需要你为对方提供解决方法，而是需要你提供情绪支持。

02

《积极情绪的力量》一书中说："我们并不是因为生活圆满、身体健康才感受到积极情绪的，而是由衷的积极情绪创造了圆满与健康的生活。"

有人说，情绪价值越高的人，幸福感越高。因为他们内心充满正能量，无论遇到什么不开心的事，都能乐观应对，也更容易看到生活中美好的一面。情绪价值越低的人，越容易陷入负能量的旋涡，活得身心俱疲。

一个人保持积极向上的情绪，也就拥有了感知幸福与快乐的能力。

在年代剧《人生之路》里，女主角刘巧珍出身农村，没读过书，不识字，但她总能及时地为身边人提供情绪价值，用温暖阳光的心态将他们拉出人生的低谷。

朋友马栓预考失败，非常沮丧，刘巧珍一句"高考这条路走不通，你还可以走别的路"，让马栓豁然开朗，不再消沉。见妹妹高考落榜，刘巧珍尽管当时自己也不如意，但看到妹妹心情不好，马上笑着鼓励她，给她最温暖的抚慰。因为时常帮助他人，她在村里人缘非常好，和身边人相处得很和谐。

刘巧珍勇敢追求爱情，在恋爱不久后被无情抛弃。但她洒脱放手毫无怨言，哭过一场就继续认真生活。后来她结了婚，本以为一切都能安稳下来，厄运却接踵而至。先是出生不久的孩子被确诊先天性心脏病，后来丈夫又遭遇车祸，意外身亡。

命运一次又一次给刘巧珍以重击，但在最暗无天日的日子里，她也没有沉迷于悲伤萎靡不振，而是保持乐观心态，鼓励自己努力向前走。

刘巧珍就是这样，一次次化悲痛为力量，将自己拽出泥潭。可见，一个人若能够保持积极乐观的心态，再多的磨难都打不倒他。

正能量就像一道光，既能照亮自己的人生，又能给他人带来温暖。生活中，一个人只要保持积极的情绪，纵然人生遇到磨难，也可内心向阳，逐光前行。

每个人都有要去面对的挫折和磨难，谁也无法替人受过，我们唯一能做的，就是笑着面对。大家都笑一笑，便是相互取暖，相互扶持着奔向前进的路。这，便是情绪价值的意义。

积极的情绪价值是一种养分，滋养自己，也治愈他人。愿我们都有能力照亮自己，有余力温暖他人。

第四章

人与人之间,
最难得的是相处舒服

朋友相处,莫过于以心换心

太用力的关系走不远

人与人之间的交往,就像在拧紧发条。你如果越拧越紧,还不及时放松,就很容易让发条断掉。也就是说,与人交往要学会保持一定的松弛感、边界感,不捆绑、不期待、不依赖、不改变,才能久处不累。

01

春晚小品《实诚人》讲的故事很多人都知道。

魏积安和黄晓娟扮演的夫妻俩赶着吃完饭去看演出。不料朋友小石连招呼都没打就突然来做客,还直接坐下来就吃饭。他在吃饭时更是擅自打开桌上的酒,自顾自地喝了起来,全然不把自己当外人。

演出时间就快到了,夫妻俩很着急。黄晓娟暗示小石早点儿回去,不然路上不安全。可他仿佛没听见。无奈之下，黄晓娟又对他说："我们有急事，新春音乐会马上开演了。"

但小石依然没眼色，说："你有事可以先走啊，只要魏积安留下来就行。"魏积安也不好意思赶他，只能对妻子说："要不你先走吧，我这儿有事走不开啊！"谁料就在这时，小石竟一把将魏积安手里的票抢了过来，道："你有事就忙你的，我没事啊！这演出票挺贵的，不能浪费。"

生活中，总有些像小石这样的人：仗着关系好，随意介入别人的生活；打着好朋友的旗号，不懂得把握分寸，让你帮他办事。殊不知，再好的关系，过度越界，也会让人感到不适。

人与人之间，不彼此束缚，保持一定距离，才是恰当的交际方式。

复旦大学教师陈果曾说："人与人，就像两个王国，各自应当保持着宽阔、自然而舒适的疆域，甚至在疆域之间，要有一个中立地带。"

每个人都是独立的个体，好的关系，也应有各自的边界。两个人相处，不过度捆绑，不过度消耗，才能浓淡相宜、恰到好处。

02

在电影《两只老虎》中,张成功和范志刚不仅是战友,也是肝胆相照的兄弟。

范志刚因为负伤,提前转业回了老家。不料,范志刚发现自己脑袋里的一块弹片压迫了视觉神经,急需手术取出,否则就会失明。可当时的他,身无分文,只能找人借钱。

他第一个想到的,就是张成功。

当初在炊事班,张成功因怯弱常被同伴欺负,每次都是范志刚挺身而出,将他护在身后。张成功被人辱骂,范志刚就朝骂他的人泼脏水;张成功爱吃肉,范志刚就每天偷偷给他留一些。张成功对他十分感激,更是信誓旦旦地说要和他做一辈子好兄弟。

范志刚知道张成功退伍后下海经商,把生意做得风生水起,凭借两人曾经的关系,一定会借钱给他。于是他急切地拨通了张成功的电话,希望能得到对方的帮助。

可张成功一听他要借钱,想都没想就拒绝了。理由是:"我怕你还不起。"范志刚听后,整个人仿佛跌进了冰窖。

我听过这样一句话:"别期待别人事事有回应,因为当你在黑暗中挣扎时，连影子都会离开你。"

人与人相处时，往往会高估彼此之间的关系。事实上，没有一个人能完全满足另一个人的需要，也不是每个人都会把你列入重要名单。

不期待，不是对关系的不重视，而是无论与谁相处，我们都要保持一颗平常心。

03

有句话说得好："人情是开路的剑，也是自缚的茧。"

小说《围城》中，在外游学的方鸿渐，回国之后，在那求职难于登天的战乱时代，通过岳父轻轻松松就获得了第一份工作，在岳父的银行当职。

本以为就此可以高枕无忧的他，没想到接下来的日子让他非常尴尬，每一天都很难熬——不但要看人脸色，还要时不时忍受岳母的阴阳怪气和话里话外的敲打："吃我周家的饭，住周家的房子，赚我周家的钱……"最终，仅仅因为岳母心情不畅，他就被扫地出门。

方鸿渐的第二份工作，是朋友赵辛楣介绍的，在一所大学任教。校长看在赵辛楣的面子上，给他安排了一个副教授的职位。不到一年的时间，胸无点墨的方鸿渐，就因朋友这把"伞"的前脚离去，后脚被踢开。

一个人过度依赖别人，只会让自己陷入被动的境地，从而受制于人。

04

启功和谢稚柳都是书画界的名家，但他们的学术观点有时候会出现分歧。

在草书《古诗四帖》的作者考证问题上，谢稚柳通过对运笔手法的研究，认为它是唐代书法家张旭的真迹。启功则从文献著录、文字避讳等角度出发，认定它是宋人作品。

二人各执己见，谁也说服不了谁，甚至为此打过笔仗，以至于很多人都认为，他们会就此决裂。但没想到，他们仍旧同以往一样，一起出席各种场合，交流书画心得。

对于两人的关系，谢稚柳这样说道："学术可辩，友谊不变。"也正因如此，俩人的友谊持续终生。

很多人喜欢把自己的思想装进别人的脑袋。每个人的经历不同，汝之蜜糖，可能是彼之砒霜。每个人都有自己的观点，我们不一定要认同，但要保持理解和尊重，不要总是强行让对方接受你的观点。

孔子说："君子和而不同。"我们与人交往，只去选择朋友，不去改变朋友，才能相处得舒服自在。

人和人之间相处的秘诀，是允许他是他，允许你是你，松弛有度，舒心自在。

承认别人的优秀，是走向优秀的开始

01

《文史博览》中讲过一件事。

蔡元培一直很重视人才，担任北大校长后不久，他便力排众议，聘任刚从美国留学归来的年仅26岁的胡适为北大文科教授。

蔡元培给胡适开出的月薪是260元，而北大教授的最高月薪是280元。不仅如此，蔡元培还亲自为胡适编著的《中国哲学史大纲》作序，并大力推荐。如此一来，就引起了一些守旧派的忌妒。甚至有人登门拜访，找到蔡元培，提醒他不要被胡适蛊惑，以免失了名节。

不久后，蔡元培给那些对胡适心生不满的人分别送了一包茶，唯独没给胡适送。这些人认为蔡元培这是在有意疏远胡适，便聚在一起庆祝。

蔡元培得知后，在一次校务会上说："胡适的肚子是干净的，一心办学为民。而你们个个妒火中烧，一肚子歪点子、脏思想，茶叶能清肠胃，送你们茶叶是帮你们解解毒。"

不久之后，胡适在《新青年》上发表了《文学改良刍议》，引起巨大反响。紧接着，他又成为与陈独秀并驾齐驱的新文化运动领袖。起初，那些守旧派的眼里只有对胡适的忌妒和偏见，只有蔡元培看到了他的实力。

一个人只有看得见他人的优秀，才能真正认清自己的不足，取长补短，获得长足的进步。

我们只有学会欣赏别人，才能迈出自我成长的第一步。这一步，看似只是认知上的一小步，却是跨越人性狭隘的一大步。

02

电影《一代宗师》里有一句话："但凡一个人见不得人好，见不得人高明，眼睛里只有胜负，没有人情世故，是没有容人之心。"

1852年，作家屠格涅夫在出门打猎途中，捡到一本杂志。他随手翻看几页,读到了一篇名为《童年》的小说。

读完小说后,屠格涅夫对这个名不见经传的作者十分感兴趣。于是,他托人四处打听作者的住处。几经周折,屠格涅夫终于找到了作者的姑妈,并表达了对作者的欣赏与肯定。

姑妈立刻写信给侄子:"你的第一篇小说在这里引起了很大的轰动,大名鼎鼎的作家屠格涅夫逢人就称赞你。他说,'这位青年如果能继续写下去,他的前途一定不可限量!'"

原本作者写小说只是为了排解心中的苦闷,并没有妄想成为一名作家,但屠格涅夫的欣赏让他欣喜若狂,从此坚定了写作的信心。

这个人就是后来享誉全球的大文豪——列夫·托尔斯泰。

承认别人优秀的背后,藏着一个人的格局和胸怀。越是心胸狭隘的人,越见不得别人好,总是在相处时踩踏别人,拆别人的台;而品行良好、有教养的人,总是能看到别人的优秀,懂得支持别人。真正活明白的人,不仅尊重别人的优秀,还会发自内心地认可和学习别人的优点。

03

网络上有个提问:"不愿意承认别人优秀的人是出于什么心理?"

有人这样回答:"承认了别人的优秀,就等于承认了自己的不完美,他难以接纳自己,所以在刻意回避自己的不完美。说到底,就是自卑心在作祟。"

一个人如果不敢正视自己,总是试图掩盖自己的缺点,那么他将很难获得成长。我们只有看得见别人身上的闪光点,奋力追赶,才能遇见更好的自己。

我的一个朋友刚到清华大学读研时,导师问他:"你觉得自己跟同专业的几个同学相比,有什么差距?"

他思考了一下回答道:"从知识的深度来说,我跟他们差不多。但从知识的广度、个人见识以及整体的自信状态来说,差距却很大。"

他向导师坦诚相告,自己的确在很多方面不如其他几个同学,但正是这些人的存在,激励着他成为一个更好的人。

他说:"当我们发现别人比自己优秀的时候,我们只需要抱着一种羡慕但不忌妒的心态去生活就好了,慢慢地提升自己,而不是去诋毁他人。"

心理学上有个著名的概念,叫"绿灯思维"。拥有绿灯思维的人,时刻保持一种开放的心态,承认自身的不足,不断延展自己的认知边界,从而不断地获得成长。

遇到比自己出色的人,是一件幸事。因为正是和这些人同行,你才获得向优秀的人学习的机会,让自己变得越来越强大。看到别人的光,你才能追着光前行;给别人掌声,就是给自己前进的动力。

为别人留个位置

瑞典沃尔沃总部有2000多个停车位,但早到的人总是把车停在远离办公楼的地方。有人好奇地问:"你们的车位是固定的吗?"他们的回答是:"我们到得比较早,有时间多走点儿路。晚到的同事或许会迟到,所以我们把离办公楼比较近的车位留给他们。"

以同理心替他人着想,凡事懂得为别人"留个位置",是一个人长远的眼界,也是处世的智慧。

01

《红楼梦》第四十一回,刘姥姥来贾府拜访,贾母和她相谈甚欢,带她一起去栊翠庵喝茶。

栊翠庵是妙玉修行的地方,妙玉尊重贾母,沏茶用了最贵重的成窑杯。谁承想贾母喝了一半,抬手就让刘姥姥也尝一尝。刘姥姥接过茶一饮而尽，说是有些清淡。

众人走后，妙玉嫌弃杯子被刘姥姥用过，要把成窑杯扔掉。宝玉拦下她，替刘姥姥讨了去。成窑杯极其贵重，他让刘姥姥卖了，以此来缓解生活的困顿。同时他也知道妙玉有洁癖，于是叫小厮打了几桶水，把栊翠庵里里外外清洗了一遍。

无论是妙玉的洁癖还是刘姥姥的粗俗，宝玉都能理解，都能担待。刘姥姥一家贫苦，活下去都是难事，哪里顾得上礼仪教养？

习惯为别人着想的人，始终谨记，很多人、很多事没有好坏之分，只是各有因果而已。

《杀死一只知更鸟》里有句话说得好："你永远也不可能真正了解一个人，除非你穿上他的鞋。"

公元200年，官渡之战爆发。

当时曹军弱小，袁军势大，对峙中曹军渐渐生出败象。曹操本人也心生畏惧，想要放弃官渡，撤回许昌。直到许攸献计，曹军烧掉袁军在乌巢的粮草，战局才得以转变，曹军逆风翻盘。

战后，曹军打扫战场，在袁绍的文书中，找到很多曹军将领投降的书信。很多人建议曹操将这些投降的人严惩不贷，以儆效尤。

曹操却下令将书信烧掉,说:"袁绍这么强,我尚且惶恐不安,难以自保,何况他们呢?"曹操的做法使被宽恕的将领们心中感恩戴德,也使军心得以稳定。

君子莫大乎与人为善,其实,为他人留个位置,不仅是一种善良,更体现了一个人的格局与修养。

02

1997年,受金融危机的影响,一位日本富商来找曹德旺帮忙。

他是福耀玻璃的供应商,希望曹德旺能与他加大合作力度,减少他的损失。

大家都以为曹德旺会趁机压低价格。可没想到,曹德旺不仅没有压价,每个月还以原价多购进了玻璃。

面对大家的疑惑,曹德旺解释道,别人处在困难时期,我们就要帮他一把,帮助别人就是成全自己。后来,金融危机过去,玻璃价格开始上涨,但这位日本富商给曹德旺的价格一直没变。

李鸿章说:"能受苦乃为志士,肯吃亏不是痴人。"自私者自绝于人,利他者才能广纳人缘。我们为他人留个位置,也就是在远处为自己开拓了一条路。

03

齐白石和张大千曾受邀到徐悲鸿家里做客,徐悲鸿的夫人廖静文亲自下厨。酒足饭饱后,齐白石乘兴挥毫,画了一幅荷花图送给廖夫人,以示答谢。

张大千也在画上添了几只小虾。可张大千只顾尽兴,没注意到虾的节数,有的多画了几节,有的少画了几节。

要知道,虾身只有6节,这是常识。齐白石看了看,没有故意大声地指出,只是暗暗拉了张大千的衣袖,悄声说:"大千先生,虾身只有6节,不能多画,也不能少画。"张大千听了,感激齐白石没有当着众人的面让他难堪,之后又画了水纹和水草,把节数不准的虾身一一遮掩。

一个人若一味拆穿他人的狼狈,道破他人的难堪,丢掉的是自己的教养;给别人留个台阶,既体现了自己的胸怀,也能让彼此的感情更进一步。

人与人之间,最难得的是相处舒服。真正的相处舒服,是体谅别人的难处,不让人感到忐忑,不让人陷入窘境。

一个年轻人问上帝:"天堂和地狱到底有什么不同?"上帝不答,分别带他去天堂、地狱参观。

地狱里,一群人围着一大锅肉汤,却饥肠辘辘,瘦骨嶙峋。每个人都有一只可以够到肉汤的长勺,但过长的手柄让他们无法把肉汤吃到自己嘴里。而在天堂,有的是同样的长勺和肉汤,人们却红光满面,因为天堂里的人都懂得互相喂食。

人与人之间的关系是相互的。你今天给别人留个位置,懂得为别人着想,也许有一天,有人就会为你打开一扇门。

不要透支你和任何人的"情感账户"

朋友老武给我讲过一个故事。

老武的发小在老家有套房子,后来房子拆迁,发小分到一套新房。因为他已经在城里买了房,新房就闲置了,于是想把新房卖掉。

卖房消息发布不久,发小的一位朋友就联系到他,说想要买房。顾念旧情,发小给朋友开出了非常优惠的价格,但有个条件就是必须一次性付清。他的朋友也欣然答应了。

可没过几天,他的朋友就联系他,说自己一下子凑不出这么多钱,能不能把零头也减掉。本来就已经给出了最低价格,他有些为难,但最后还是硬着头皮答应了。

结果又过了几天,他的朋友又联系他,说如果一次性支付,自己没那么多钱,需要贷款,贷款的话就会产生利息,能不能分期支付,这样自己就不用贷款了,还能省去利息。发小忍无可忍,当场发怒道:"房子,我不卖给你了。"

后来,发小通过中介把房子卖了出去,成交价要比当初给朋友的价格高出不少。而发小和这位朋友的关系也自此终止,再无交集。

我还听过一个故事。

一位作家的朋友辞职开了一家店。开业以后,为了照顾朋友生意,作家不但自己光顾,有时还拉着身边的朋友一同前往。

店铺开业那天,作家在朋友圈替朋友打广告,做宣传。她自认为在朋友开店这件事上,自己帮了不少忙。

可在朋友眼里,她做得似乎远远不够,几乎每次见面,朋友都会要求作家介绍生意。微信上聊天时也会不停提要求,朋友每次都是以"亲爱的,在忙吗,能不能帮我一个忙"开头,然后就是让她帮忙宣传店里的活动。

一开始作家还会硬着头皮答应,但次数多了,难免有点儿不耐烦,偶尔委婉地表示自己在忙,希望朋友能听懂背后的潜台词。她朋友却不以为然地说:"我也不是很着急,等你不忙的时候帮我一下吧。"

后来,不胜其扰的作家开始有意疏远这位朋友,慢慢地,两个人断了联系。

01

见过了太多聚散离合之后,我逐渐明白了一个道理:很多关系变淡,都是从一方透支另一方的感情开始的。

朋友之间,互相帮助是在所难免的,但你若一味无条件、无底线地要求朋友,总有一天,他会离你而去;夫妻之间,不相互体谅,认为养家或做家务是一个人的事,那对方也会渐渐对婚姻失去信心;仗着家人的爱,把最坏的情绪留给他们,伤了他们,最后追悔莫及……

有人说:"人与人之间有一个情感账户。在这个情感账户里,每次让对方开心,存款就多一些;每次让对方难过,存款就少一些。"

与人相处,我们就要多往"情感账户"里"存感情",多存少取。当你的"存款"变成零的时候,就是对方离开你的时候。

02

任何情感的维系,都没有捷径,只有用心经营。越是好的关系,越应该把对方放在心上,而不是轻易地透支。

蔡明和郭达搭档合作小品多年,私底下两人也是非常好的朋友。

有一次,两人到西藏参加公益演出,表演的小品叫《打针》。在以往的演出中,道具都只是一个不带针头的针管。但这次主办方疏忽大意,准备道具时没有事先拔掉针管上的针头。

演出过程中,蔡明因为高原缺氧,意识对意外反应迟钝,即使看到针头也没能及时把它拔下来,直接将带针头的针管扎在了郭达的屁股上,疼得郭达连连惨叫。

事后,尽管郭达表示没有关系,可蔡明心里还是过意不去。蔡明知道郭达喜欢收藏钱币,特意淘了几枚140年前西藏的钱币送给了郭达,以表歉意。

很多人不解,觉得两人相识多年,又是至交,没必要这么大费周章地道歉。对此,蔡明说了这样一番话:"正因为是老朋友、老搭档,天天见面,我们才要将哪怕一点点的嫌隙都消灭在萌芽中,而不能任其慢慢累积成大矛盾。"

我们常犯的一个错误,就是关系越好,在对方面前越肆无忌惮。真正聪明的人,都不舍得透支一段好的关系,因为他们都知道成年人感情的来之不易。

好的人际关系就像一棵树,我们要时常浇灌,打理打理,偶尔能看到几朵漂亮的花,赏心悦目,足矣。如果结出几颗果实，让我们能和朋友一起分享人生的甜蜜，更是幸运。

真心的朋友，贴心的家人，都是你人生路上的见证者。他们帮助你、支持你、欣赏你、爱护你，是你前行路上一道道温暖的光。

多一段美好的关系，你的生活也就会多一分温暖。

认知差,是所有关系的杀手

01

生活中,不知道你有没有遇到过这样的人:

你说读书很重要,他偏说某人小学毕业也照样成了大老板;

你说外面的世界很精彩,他偏说自己一辈子没出过远门也活得好好的;

你跟他讲努力,他跟你聊出身;

你跟他说实力,他跟你聊运气。

心理学上说,一个人的认知,是由过去的经历、思维、期望、评价等因素共同形成的观念。每次遇到相同或相似的场景时,我们都会习惯性地先用以往的经验做出判断。一个人的认知,决定了他看世界和思考问题的方式。

认知不同的人，看到的世界自然不一样。

在电视剧《心居》中，大姑姐顾清俞是个新时代女性。她工作能力强，在大公司担任高管，住在高档小区，生活有阿姨照顾；身边的人非富即贵，资源随处可取，一起做瑜伽的伙伴三言两语就能帮她搞定一个单子，通过同学就能轻松联系到换肾医生。

这样的优秀女性，却因36岁还没结婚，被弟媳冯晓琴称作"嫁不出去的老姑娘"。

冯晓琴文化程度不高，结婚后一直在家做全职家庭主妇，平常的生活都围绕一大家子转，偶尔和朋友相聚，不是吐槽婆家人，就是聊些八卦。

在冯晓琴的固有认知里，女人就应该早早结婚生子，建立一个家庭。可在顾清俞的眼里，享受工作、享受生活、享受爱情，才是活着的意义。不同的生活经历、不同的认知，导致她俩一见面就拌嘴吵架。

庄子曾说过："夏虫不可语冰，井蛙不可语海，凡夫不可语道。"认知层次不同的两个人，很难沟通。你会发现，生活中的很多冲突都源于双方的认知不同，事情本身无所谓对错，可两个人却互不相让，一定要争个高下。

02

我曾在网上看到一个问题:"跟不同认知层次的人能够成为朋友吗?"

提问的人因中考失利,去了一所不太理想的高中,同学大都懒散消极、无心学习。

每当他认真学习或向老师请教问题时,他都会遭到同学们的嘲笑讥讽,甚至无论他说什么、做什么,大家都嫌弃、远离他。于是他陷入了深深的自我怀疑,为融入不了班集体而感到烦闷。

很多网友都留言回复他,没必要跟不同认知层次的人混在一起。

认知不同,不必强融。就像有句话说的一样:人与人相处,无论是朋友还是亲人,不仅要交换感情,还需要交换观点。认知水平相差太大,两人感情再好,也会因不能理解对方的思想和观念而渐行渐远。

余秀华19岁那年,嫁给了比自己大12岁的丈夫尹世平。

起初,余秀华投入感情,认真经营婚姻。可没过多久她就发现,两个人的精神世界不对等,认知层次不同,根本无话可说。余秀华有满腔的才情,内心细腻,喜欢写诗，通过写诗慰藉自己的人生。可在丈夫眼里，写诗是不务正业，并不能养家糊口。

在这个男人的世界里，从来都没有艺术，只有生活。

丈夫除了干农活，对其他的事都不感兴趣，余秀华不理解；余秀华写的诗，丈夫也不理解。在丈夫的认知里，温饱大于精神世界；在余秀华的认知里，精神世界大于温饱。虽然他们是生活在同一个屋檐下的夫妻，可因为认知不同，完全像两个陌生人。

有人曾开玩笑地说："世界上最遥远的距离，不是天各一方，而是认知不同。"你的苦闷，他无法懂得；他的彷徨，你无法感同身受。当两个人的认知水平不在同一层次时，沟通就很难在同一个频道上。

当你靠近那些能与自己同频共振的人，无论是爱情，还是友情，你会发现，生命是那样简单而美好。

03

商业哲学家吉米·罗恩说："你是你最常接触的5个人的平均值。"一个人所在的圈子很重要，你如果常跟认知不同的人交往，就会感到很痛苦；只有及时跳出圈子，去寻找与你的认知在同一水平上的人，那样你才能不费口舌、不费心力，把自己要做的事情做好。

很多吃过海底捞的人，都被其优质贴心的服务征服了。其实，在海底捞发展初期，还有一段很曲折的故事。当年，创始人张勇认识到，未来的餐饮市场，火锅将是主力；要想从众多品牌中脱颖而出，海底捞必须另辟蹊径，提高服务标准，给消费者前所未有的体验。

1999年，海底捞在西安开店，结果非常不顺利，连续几个月亏损巨大。原因在于，当时的投资人并不认可海底捞的服务，认为送水果、送围裙根本没必要，给客人美甲、擦鞋也是浪费资源。于是，在经营过程中，投资方不断控制成本，斤斤计较。张勇多次与投资人沟通，但是仍然没有改变投资人的认知。他只好同意投资人撤资，押上自己的全部身家，继续在西安开店。

2004年，海底捞进军北京市场。结果又出现了跟西安一样的情况，投资人为了控制成本，百般反对提高服务标准。张勇不得已拆散了创业团队，只保留施永宏一个合伙人。最终，海底捞打开了北京市场，随后在全国遍地开花。

认知不同，彼此很难相互理解；而认知在同一层次的人，往往能互相扶持，走得更远，即志同道合。

与志同道合的人一起奔跑在追寻理想的路上，这也许是最美好的生活方式了吧！

结束一段关系的正确方式：
不翻脸，不追问，不打扰

我看到过这样一段深刻的话语："小孩子跟人绝交，会大声告诉对方'我不跟你玩了'；而成年人结束一段关系的方式，是不翻脸，不追问，不解释，只是很有默契地不再彼此打扰，慢慢退出对方的生活。"

01

成年人之间的告别常常是无声的，比起撕破脸皮，默不作声地疏离或许才是留给彼此最大的体面。

作家哈珀·李曾有个志同道合的朋友，两人都爱好文学，时常交流彼此的创作灵感。后来，哈珀开始写小说，凭借《杀死一只知更鸟》快速成名，受到众多读者的追捧。

眼看哈珀从寂寂无闻发展到光芒万丈，她的这位朋友逐渐开始心理失衡。他先是不再跟哈珀见面，后来又四处散播谣言，说《杀死一只知更鸟》其实出自他的手笔。

面对曾经好友的疏离与背叛，哈珀很难过，但她并未指责对方，只是默默地搬到了一座不知名的小镇，与这位曾经的好友不再来往。

真正的朋友，不会在你获得成功时心生忌妒，不会在你危难时落井下石，不会在你喜悦时泼冷水，也不会在你困苦时冷眼旁观。你不要讶异，不必追问，更无须指责，悄然离开就好。

人生就是如此，缘聚缘散，顺其自然。我们要扛得住风雨，受得了背叛，对往事一笑而过，大步迈向明天。

02

在一档节目中，一位嘉宾问主持人："你有没有遇到过那种朋友——曾经关系很好，但后来渐行渐远，直到再也没了联系？"

主持人的回答颇为通透，他说我们要接受这是一种常态，"虽然我很在乎身边的人，但我从来没有奢望要把任何人留在身边一辈子。因为有的人，他就是来陪你走一段路的"。

曾有位读者同我分享他的故事。

在一次聚会上,他无意间从同学口中得知某个大学室友结婚的消息。他觉得有些奇怪,因为自己根本没看到过这条朋友圈。

他打开手机,点开那位大学室友的头像,却发现自己被屏蔽了。一瞬间,他有种被抛弃的感觉。两个人曾经一起熬夜看书,一起打球,一起去食堂排队吃饭,说好要互相当对方伴郎的人,最后却形同陌路。

人和人的疏远有时就是这样:分开之后,各自忙碌,有时候想聊聊,又不知道说什么好,翻看上次的聊天记录,对话还停在你们约好回老家要再聚聚那一刻。后来,你们再没有提起这个话题。你不评论他的朋友圈,他也默契地没有再联系你。

我们经历越多越明白,成年人的世界,你有你的忙乱不迭,我有我的自顾不暇。每个人都有自己的生活,每个人都有自己的路要走。为了奔赴各自的人生,我们走着走着便散了。这是常态,无须追问,因为时间永远是一段关系中不可更改的变量。

曾经关系再好的朋友,也会因为所得所知不再一致,人生路径不再相同,从亲密变得疏远。

成年人的世界,来是偶然,去是必然。感情褪色时,我们不必勉强，就此别过，然后继续自己的旅程，才是对曾经那段情谊最好的交待。

03

曾有人在网络上提问："如果有人不回你消息，怎么办？"

有个回答颇为扎心："那你一定要记得，以后都别再打扰他了。"

电影《海边的曼彻斯特》讲了一个令人悲伤的故事。

一次男主去超市买东西，回来的时候发现，因为自己事先的疏忽家里着火了。他的儿子和女儿就在熊熊烈火里，奇迹没能发生，一双儿女没了，他成了罪人。后来，妻子和他离婚了，他自此变得颓废，整日无所事事，用酒精麻痹自己。

直到多年后，他在街头偶遇了自己的前妻。前妻虽然恨他，但已经有了新的家庭和孩子。看着男主的样子，前妻反而有些心疼。

在离开的时候，前妻对男主说："或许，我们可以找个机会一起吃顿饭。"

男主听到这句话，先是露出惊喜的表情，然而片刻过后，他拒绝了前妻的好意："不……还是不了吧。"

两人彻底告别，从此人生再无交集。

不打扰，是成年人处理告别的方式。

飞鸟与鱼不同路，它们能做的就是互不打扰，各自安好。曾经多年的情谊，深埋心中就好；偶尔心中挂念，彼此遥遥祝福，是我们最后的温柔。

世间的每一段关系，都是有保质期的。而结束一段关系最好的方式，就是让爱恨情仇悉数随风飘散，珍惜但不纠缠，怀念但不留恋，坦然接受它的终结。

真正懂人性的高手，会克制说服别人的欲望

我想，每个人都有过这样的经历：遇到意见不一致的人，就想去纠正，试图使其与自己站在同一战线；觉得自己有些过来人的经验，就想去指点他人，让对方少走弯路，但结果往往是你越介入，越想帮其改变，越会惹其反感。

人就是这样，经不起否定，也不一定喜欢听真话。你若揪着不放，最终伤人也伤己。

01

认知不同，不必辩论。

美剧《老友记》中有一个片段让我印象深刻。

考古学教授罗斯在与朋友们的一次聚餐中，发现菲比不相信进化论，罗斯对此感到非常震惊。

为了让菲比相信进化论，罗斯开始讲理论、摆事实，甚至提着一整箱科研报告和两亿年前的化石来证实。但他的辩解并没有得到菲比的认同，反而让她很不耐烦。

菲比只是一个按摩师，对进化论的了解仅限于听过而已。两人的认知、成长环境都不一样，又怎么能相互认可？

每个人都有自己的认知高度，站在谷底和站在山巅的人，见到的风景截然不同。你如果无法改变别人的认知高度，最好的方法就是不与之争辩。

在《慢崛起》一书中，作者讲述了一位朋友的一段经历。

这位朋友毕业后先是在广州工作，有了一定积蓄后就回乡创业，在乡下开了一家小公司，主要是代理快递公司业务，做乡镇快递。

很多亲戚朋友对他的行为并不理解，觉得他赚不了钱。有的甚至嘲讽他脑袋有问题，放着大城市里好好的工作不做，跑回家做这种没有前途的事。

朋友只是笑着点点头，没有解释。事实上，那些亲戚朋友根本不知道什么是快递，就算听朋友反复解释，他们也不会理解，反而会认为他在异想天开。而朋友见过大城市星罗棋布的快递点，知道快递业务迟早会延伸到乡镇。

他不去争辩，只是为了把精力放在自己做的事情上。

认知处于同一高度的人，方能探讨一二；认知不在一个高度的人，再怎么争论，也没有意义。

02

三观不同，不必纠正。

一位大学老师在课堂上讲过一件事。

一次宴会上，来自非洲的使者和来自亚洲的使者，在老人去世后遗体怎么处理的问题上产生了巨大的分歧。

亚洲的使者说："老人去世后，他们竟然会把老人的遗体扔进森林遭受风吹日晒，实在太残忍了。"

而非洲的使者却说："他们竟然把去世的老人埋进土里，让他在土里腐烂，实在是太残忍了。我们把老人的遗体放进森林，让他跟大自然融为一体，他才能获得新生。"

两人都想纠正对方，甚至恶语相向。

面对同样一件事，1000个人就有1000种看法。如果大家都认为自己是正确的一方，各执一词，那么事情永远没有结果；能够尊重别人不同的三观、不同的活法，大家才能相互兼容。

庄子和惠子，一个是哲学家，一个是魏国的大官。

在庄子看来，惠子做官就是套上了黄金枷锁，虽然有权有势，但人生不自由，灵魂不自在。

在惠子看来，庄子穷得穿不起好衣服，腰带都只能用草绳代替，鞋子破到露脚趾，还整天幻想逍遥。

但他们没有相互为难，反而成了惺惺相惜的至交好友。

有句话说得好："观念的进步，就是要尊重每个人的价值排序和人生选择。"人生没有优劣对错，大家只是选择不同，无须纠正，只需尊重。

03

阅历不同，不必说服。

如果要问生活中哪种人最讨厌，可能不少人都会回答"好为人师的人最讨厌"。

人有了一定阅历后，往往就喜欢教导别人，却忘了一点：经历才是最好的课堂，教训才是最好的老师。一个人栽过跟头，踩过坑，更容易得到真正的成长。

我曾听说过一个故事。

有一只小狐狸特别喜欢把自己的尾巴翘起来，走路时威风凛凛，霸气十足。

很多老狐狸都劝它放下尾巴，这样走路时能扫去自己的脚印，避免被猎人发现踪迹。但小狐狸不以为然，认为凭借自己的聪明，绝不会被猎人发现。

为此，老狐狸特意请来族里有威望的长辈，跟小狐狸讲述这样做的危害。但对一连串的劝告，小狐狸听得不胜其烦，它嘴上喊着"知道了"，私底下仍旧一意孤行。

一天，小狐狸像往常一样大摇大摆地走着，不料被一个猎人悄悄跟踪了。猎人趁它不备，举枪朝它射去。它吓得魂飞魄散，拼了命地跑，最后虽然逃了出来，但伤了一条腿。

此后，无须人说，小狐狸自己就老实地把尾巴放下来了。

生活中很多人就像这只小狐狸，即便别人说的是真理，也无法使之信服。因为能让其回头的，从来不是道理，而是南墙。

我们永远不要试图用自己的阅历去为别人指路。每个人都讨厌好为人师的人，可当我们面对更年轻的人，又总是不自觉地说起当年的"辉煌"，告诫年轻人怎么做才对，充满说教意味。

一个人活得明白，方懂人性，那就是：该说的话，点到为止；不该说的话，只字不提。成年人应该有的清醒就是：管好自己，克制自己说服别人的欲望。

好好说话就是一种修养

在人际交往中,好好说话是一门必修课。你说的每一句话,都是向他人递出的一张名片。会说话的人,一开口就赢了。

01

有句话说:"说话的语气有多好,遇事的运气就有多好。"一个人说话的语气,就是反映其内心的温度计。你说话的语气越差,越容易给他人留下不好的印象和感受。

我在网上曾看到一则故事。

一个男人捡到了一部手机,正在想办法还给失主。此时,恰好有电话打进来。电话接通后,他还没来得及说话，电话那头就传出了失主怒气冲冲的声音："你最好立马把手机还给我，我有卫星定位，已经知道你在哪里了！"

男人原本是要归还手机的，可这位失主的语气和态度让他难以接受。于是他买了十几个氢气球绑在手机上，并留言道："让你的卫星定位去吧！"就这样，手机跟着气球飘走了，那位失主最终也没有拿回自己的手机。

一个人越是带着不尊重他人的语气说话，就越会伤了人与人之间的和气。总是趾高气扬，对别人大喊大叫，甚至一件普通的事，也能阴阳怪气地说出来，这样的人是不会被别人尊重的。

春秋时期，有一年齐国发生了饥荒，许多人被饿死。

一个叫黔敖的有钱人为了博得好名声，在路上摆了很多食物，等着饥饿的人来吃。一个饿汉经过那里，黔敖用轻蔑的语气对那个饿汉说："喂，过来吃吧！"

饿汉瞪了他一眼说："我就是因为不愿吃别人施舍的食物，才被饿成这样的！"

黔敖忙追上去道歉，但饿汉仍坚持不吃，最终饿汉被活活饿死。

这个世界上，从来不缺少善意，缺的是善意的沟通。

你的态度越谦卑平和，越能让人感受到真诚和善意。所有语气里的轻慢，皆因骨子里的傲慢。

02

我们在与人交流时，并不是谁说话声音大谁就能服众。在争论一件事时，大声反驳不一定管用，反而会被视为挑衅从而激化矛盾。其实，只要你说的话合情合理，哪怕音量不大，别人也会认真倾听。

宋庆龄15岁时进入美国一所女子大学学习。

有一次，班上讨论历史方面的问题，一位美国学生站起来，带着不屑的语气大声说道："我认为，历史的发展是难以预测的，你们看，那些所谓的文明古国，譬如亚洲的中国，已经被历史淘汰了。"

坐在前排的宋庆龄听到后，并没有立即打断对方，也没有高声反驳，而是耐心听完同学的发言，然后声音和缓且笃定地说道："历史确实是在不断发展着的，但它永远属于亿万大众。拥有5000年文明的中国，没有被淘汰，也不可能被淘汰。有人说她像一头沉睡的狮子，但她绝不会永远沉睡下去。"

这段话并不是那么激情昂扬，更没有辩驳的意味，却能让整个教室里的人都为这股柔中带刚的力量鼓掌。

一个有修养的人，不会以势逼人，从不大吵大嚷，总能温和而有力量地表达自己的观点，让别人信服。

03

《围炉夜话》中记载了人的5个层次："神人之言微，圣人之言简，贤人之言明，众人之言多，小人之言妄。"层次低的人，说话没有分寸，喜欢拿别人的短处当谈资，甚至胡编乱造。层次高的人，从不为了引人关注而刻意夸大其词，言之必有物。

一个人说话的内容多源于日常所见、所闻、所学，因此，一个人说了什么话，能在一定程度上体现出他所处的层次。

网上曾有这样一个问题："每天都把琐碎又对别人毫无意义的小事拿出来反复说的人，是什么心理？"

一个高赞回答是："总是谈论无意义琐事的人，眼前的狭小天地就是他的整个世界。"

一个人无论遇到什么情况，说话的语气都不能急，态度都要沉稳，才能给别人留下好印象。一句话说得能不能令人信服，不在于嗓门多大，而在于是否有道理。

　　语言是一个人最显眼的招牌。你说的话，就是别人眼中的你。当一个人在"说"话时，话也在"说"一个人。

善心永存，但别过度

杨绛女士曾说："在这个物欲横流的人世间，人生一世实在是够苦的。你存心做一个与世无争的老实人吧，人家就利用你、欺侮你；你稍有才德品貌，人家就忌妒你、排挤你；你大度退让，人家就侵犯你、损害你。"

人性就是如此。曾经我们以为与人交往，只要愿意付出，就能结善缘、得善果。直到一次次被辜负，我们才明白：这世上不是什么人都配得上你的善良，无条件地给予和退让，反而会让你陷入各种各样的麻烦。

01

在《走到人生边上》一书中，杨绛讲过她家保姆郭妈的一件事。

郭妈刚到杨绛家做保姆时，为人勤快，做事十分规矩。可一段时间后,她开始耍小聪明,买菜后会对她虚报菜价数额。杨绛看她家庭困难,就睁一只眼闭一只眼。不承想,此后郭妈变本加厉,每天的买菜钱虚报得越来越多,以至于她私底下贪的钱比工钱还高。

郭妈讲工钱时要求先付后做,杨绛也答应了。结果,过了两三个月,郭妈又要求加工钱。杨绛视而不见,她就给杨绛摆脸色,今天摔个碟,明天摔个碗。见家里被郭妈搅得没有一丝安宁,杨绛只好忍气答应。

有时候,你的善意,反而会滋生对方更大的恶意。在这种时候,你就不能处处退让。要知道,善待别人的前提是善待自己。

小说《秋园》中有一位军官仁受,为人温和大方。有一年,他因父亲离世回乡奔丧,寄居在堂弟家。一次,堂弟抱怨了一句,家里添了口人,日子不好过。仁受听到后,当即买来了30担粮食。好赌的堂弟很快就把粮食赌光了。可家里还要吃饭,堂弟就谎称粮食被老鼠吃光了,向仁受求助。

尽管仁受知晓内情,可他见到嗷嗷待哺的侄子们,还是再次出钱买了粮食。堂弟见仁受好说话,自此便隔三岔五骗取他的钱财。

几个月下来,仁受的积蓄几乎被掏空了,变得一无所有。

对于那些不值得的人,在与他交往的过程中,你越是事事忍让,越会换来他的得寸进尺。要知道,蛇暖不热,狼喂不熟。你永远不要惯着不领情的人,你的善良应适可而止。

02

生活中难免会遇到一些人,总是无限制地要求你,甚至刁难你。当你犹豫不决时,你一定别忘了,拒绝也是一个人的权利。学会拒绝,你就多了一份掌控生活的力量。

顾城在《玫瑰》中写道:"玫瑰佩戴着锐刺,并没有因此变为荆棘,它只是保卫自己的春华,不被野兽们蹂躏。"

一个人生出棱角,长出尖刺,并不是要去伤害别人,而是为了更好地保护自己。

画家齐白石,曾经因为不好意思拒绝求他免费画画或者讨价还价的人,把自己累得身心俱疲,还住进了医院。后来,他实在忍无可忍,就在客厅里写了两张告示。一张写着:"卖画不论交情,君子有耻,请照润格出钱。"另一张则写着:"花卉加虫鸟,每一只加10元,藤萝加蜜蜂，每只加20元。减价者，亏人利己，余不乐见。"后来就少有人再去为难他，他自己也轻松了不少。

遇到无理要求时，你只有强硬起来，懂得拒绝，敢于翻脸，才不会被别人肆意地欺负。

人行于世，面对那些得寸进尺的人，该拒绝就得拒绝，否则就会纵容他人，伤害自己。

03

做人要善良，但你的善良不能没有原则，因为没有原则的善良，有一天很可能会成为别人伤害你的武器。

三毛24岁时，独自一人出国留学。临行前，父母反复叮嘱她："从此是在外的人啦，不再是孩子喽。在外待人处世，要有中国人的教养，凡事忍让，吃亏是福。万一跟人有了争执，一定要这么想——退一步，海阔天空。绝对不要跟人怄气，要有宽大的心胸……"

到达西班牙后，三毛被送入一所名叫"书院"的女生宿舍，被分配到4人一间的大卧室。

最初3个月，三毛与室友相处得很好，就像她自己在给父母写的家信中所说的那样："我没有忘记大人的吩咐，处处退让，她们也没有欺负我……"

后来，整个宿舍的活儿都落在了她一个人身上。她不仅要帮室友铺床，还要擦桌子，打扫、拖洗地面，帮她们卷头发、熨烫衣物。就连她的衣柜都成了免费的"时装店"，常有女生不问自取。

三毛写道："父母说，吃亏就是便宜。如今我真是货真价实成了一个便宜的人。"

后来，三毛决定奋起反抗，不再刻意讨好，不再过度忍让，任着自己的性子做事。在一次激烈冲突后，三毛终于获得了久违的尊重。

无论与谁相处，我们都要有棱有角，保持锋芒。你只有做到善良有尺度，温柔有锋芒，仁慈有界限，你的真心才不会被人轻视与辜负。

把你的好，留给值得的人。

第五章

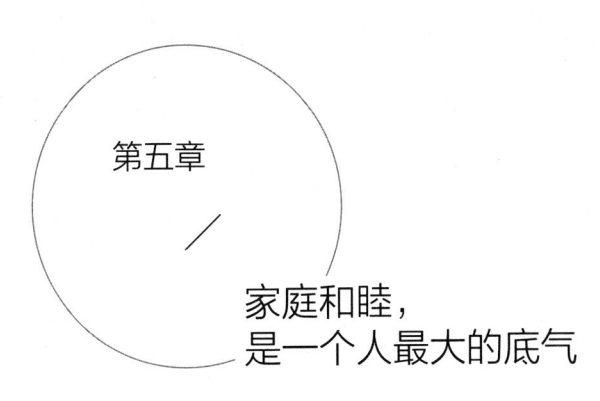

家庭和睦，
是一个人最大的底气

有家可回，有人可爱，人这一生才不算被辜负

在有温度的家庭里，没有拧巴与委屈

有个孩子用自己辛苦攒的压岁钱，给妈妈买了一部新手机。可当他满心欢喜地把手机送给妈妈时，妈妈却以"浪费钱"为由，把孩子痛骂了一顿。

孩子不断地解释"不贵""是我的一份心意"，声音却被妈妈的怒骂声压得一点点小了下去。

最终，这件事以妈妈去店里退掉手机告终。

这看似是一件"我给妈妈送礼物却被她大骂一顿"的小事，背后却隐藏着很多家庭存在的一个普遍问题：我们中的许多人，终其一生都没学会如何对待被爱这件事。

在家庭关系里，我们不仅要学会去爱，也要学会接受爱，享受被爱。一个人只有试着打开爱的接收器，才有可能收获舒适和谐的家庭关系。

01

　　爱需要接受，请接纳父母的给予。

　　我曾在网上看到过这样一个问题：哪些瞬间让你重新认识了"孝顺"这件事？

　　网友南希在评论区分享了自己的故事。

　　有一年春节后在他准备从老家返回工作的城市时，父母照旧为他准备了许多特产。肉、米、油以及各种自家种的蔬菜，在院子里堆成了小山。

　　当母亲忙着往车里塞东西时，他在一旁不停地劝："妈，肉不用这么多，我吃不了多少，会放坏的。""这些米啊、油的，就不带了，超市什么买不到……"

　　听到他的话，母亲的动作慢了几分。

　　他忙继续劝说，可没想到，母亲干脆把东西往地上一扔，一声不吭地回屋了。

　　就在他看着院子里的东西左右为难时，父亲的一句话，给了他深深的触动："孩子，你看你现在出息了，父母老了，不中用了，可这些小东西也是我们的一点心意……"

　　他心中一惊。父母虽已年老，但他们依旧想尽全力为他付出。在父母眼里，他永远是个孩子。

曾经天不怕地不怕的父母，现在唯独怕自己的孩子不再需要自己。

有一位教授在母亲80多岁高龄时，依旧会让母亲洗碗。旁人不解，他却说："我让她洗碗的目的不是让她干活，只是让她觉得我很需要她，那样她一整天就会过得充实。"

到底什么才是真正的孝顺？大概就是即便你长大了、独立了，也要让父母经常感觉到你仍然需要他们。

接受父母的给予，让他们延续"爱你"这件事，也是对父母的孝顺。

02

爱需要接受，请接纳伴侣的付出。

末那大叔曾在作品《我喜欢你，像风走了八千里》中写道："爱情就像跷跷板，两边用力才能平衡，只靠一个人付出，很快就会结束。"在亲密关系里，一方如果总在一味付出，难免会感到委屈，心里的怨气多了，婚姻危机也就跟着来了。

一档婚姻情感节目中的一个片段给我留下了深刻的印象。

妻子吵着要离婚，说自己在家里任劳任怨，丈夫却对自己漠不关心。

丈夫也很委屈，说自己每次想关心妻子，都被一句"不需要"给挡了回去。他想做饭，妻子嫌他把厨房弄得乱七八糟；他带孩子，妻子觉得他的教育方式不对；他在情人节给妻子买花，被妻子说成浪费；就连平时准备的小惊喜，也被妻子看作"无聊"。久而久之，丈夫心灰意冷，不再表达爱。

对此，情感专家点评道："丈夫懂得主动关心妻子，但在妻子这里，接收爱的信号被掐断了，因此你们的沟通出现了阻碍。"

社交媒体上有个名词经常被人热议，叫作"被爱无能"，指的是一些人从来都是习惯付出爱，却没有能力接受别人的爱。

就像节目中的这位妻子，她总以不断付出来证明自己的价值，因而推开了丈夫想要伸出帮忙的双手。

幸福的婚姻，从来不靠单方面的"牺牲"来维系。我们只有敞开心扉，坦然接纳对方的爱，才能让感情温暖绵长。

最近读《平如美棠》，我被书中平如和美棠在平淡光阴中的柔情与爱意深深打动。

在丈夫平如心里，爱美棠是他一生中最重要的事。对于丈夫的爱，美棠则选择全盘接收。

年轻时，他们分隔两地，平如寄来的信件，美棠都会悉心收藏。年老时，他们朝夕相伴，一起出去买菜时，平如从不让美棠提重物，美棠也乐得清闲，两手空空地、笑嘻嘻地跟在丈夫身后。

这种懂得爱，也享受被爱的感情，让两人携手走过几十年，缔造了一段浪漫的爱情神话。

与付出爱一样，接受爱同样是一种能力。但我们常常只关注前者而忽略了后者。你只有承认自己的需求，全心全意感受被爱的幸福，你在这段关系里才是舒展的，才能获得真正的安全感。

03

爱需要接受，请接纳孩子的爱。

当了父母后，很多人好像忘记了被爱这件事，总觉得爱孩子就是要不停地给予。但学会接纳孩子的爱，在亲子关系中也是父母不可或缺的能力。

就像那个趁着假期帮父母卖菜的9岁男孩。假期里，孩子每天凌晨4点起床帮父母干活，跟着父母奔波，但你从他亮晶晶的眼睛里，能看出他内心的充实与满足。

就像那个考上北京大学后，因为一句"终于有时间帮妈妈干活"而走红网络的钟朋辰。当他主动给妈妈送饭、替妈妈打扫卫生时，妈妈并没有以"学习好就行"为由，拒绝他的帮助与照顾。孩子在风吹日晒中看见了父母的汗水与操劳，因而懂得了责任与担当。

作家毕淑敏曾说："天下的父母，如果你爱孩子，一定让他从力所能及的时候，开始爱你和周围的人。这绝非成人的自私，而是为孩子一世着想的远见。"

父母大都习惯了为孩子付出，但接纳孩子的爱，也是父母需要练习的功课。从今天起，希望你能在孩子向你表达关心和提供帮助时，大方地接受，真诚地表达自己的喜悦、欣慰和对他的赞赏。

父母坦然接受孩子的付出，才能与孩子建立深层次的连接，让孩子学会温柔地对待世界。

作家冯骥才说："家庭是世界上唯一可以不设防的地方。"在一个有温度的家庭里，没有拧巴与委屈。家中的每个人都能全心全意去爱，也能大大方方享受被爱，彼此坦诚相待。而一个人的家庭温馨和谐，他的人生也会更称心遂意。

情越吵越淡，家越闹越败

国学讲师曾仕强曾讲过一个故事。

有两户人家：一户家里整天吵闹，鸡犬不宁；另一户家里却安安静静，非常和睦。吵架的那户人家很好奇为什么邻居这家人可以如此和谐，便登门拜访，想一探究竟。

没想到，那家主人却笑着说："我们之所以吵不起来，是因为我们都是'坏人'。"

客人一脸茫然。

主人说："如果脚踏车被偷了，马上有人说这是我的错，因为我骑出去没有上锁。另一个人说哪里是你的错，那个锁是我弄坏的。每个人都觉得是自己的错的时候，就不会吵了。而你们会吵，是因为你们都觉得自己是好人，犯错的永远都是别人。"

在同一个屋檐下生活，一家人不可避免会产生摩擦。如果每个人都坚持自己是对的，别人是错的，结果就是，情越吵越淡，家越闹越败。

　　家庭和睦，是一个人最大的财富。你有了家人的关心、尊重、支持和理解，人生路上的每一步才会走得更加稳健。

01

　　演说家莉丝·默里的童年可以说是极其不幸的。

　　莉丝的父母是无业游民，两人常年争吵不休。母亲抱怨父亲不务正业，父亲斥责母亲好吃懒做。父母之间互相指责，莉丝和妹妹潜移默化地受到了影响，也经常吵架拌嘴。门窗坏了，她们诬陷是对方搞破坏；考试考砸了，都说是对方影响了自己。

　　家里脏乱不堪，一家人只知道埋怨别人，谁也不动手清理。莉丝一家的日子越过越穷，每个人都把家庭的不幸怪罪到家人身上，互相咒骂。生活在这样的家庭里，人人都会精神压抑，精疲力尽。

　　莉丝12岁那年，父亲终于忍无可忍离家出走，母亲也在自暴自弃中染上了毒品。而莉丝和妹妹，则被政府强行送去了福利院。原本整整齐齐的一家人，就这样分散了。

　　都说家是生活的避难所，可一旦吵闹不止，家就成了硝烟弥漫的战场。

很多家庭的不幸，不是因为贫穷，而是因为陷入了相互指责的泥淖。一旦争吵成了常态，就像白蚁啃噬堤坝一样，会一点点摧毁生活。

网络话题"哪一刻觉得自己最委屈"中，有个网友的回答令人心酸："不是小时候被外人欺负，也不是长大后被上司训斥；而是我犯了一个错，自责难过时，亲密的人不仅没有宽慰，还不停地指责。"

很多时候，我们担得住外界的打击，却扛不住家人的挑剔。

生活是条大河，而家是载着我们乘风破浪的船。少一点责备，多一分包容，我们才能同舟共济，平稳地穿越生活的风浪。

02

有人问罗翔："我们为什么觉得陌生人很好，而自己的家人浑身是错？"

罗翔回答说："因为我们喜欢抽象的人胜过具体的人。"

陌生人在我们的想象中显得"完美"，而家人却因为"具体"总被挑剔。一旦发生摩擦，我们很容易放大家人的性格问题。

　　心理学家威尔·鲍温在工作中接触过一个女性治疗小组。这是一个由家庭主妇组成的互助小组，目的是分享生活，排解孤独。威尔有幸被邀参加，可开过几次会后，他就发觉这个小组不对劲。

　　主妇们聚在一起，并非分享生活乐趣，而是开展对家人的批判。这个抱怨丈夫太懒惰，那个吐槽孩子太顽劣；这个说家务永远没人帮，那个说婆婆连三明治都不会做……每次开会，主妇们都是气呼呼地来，气呼呼地走，回家之后，不免与家人大吵一架，甚至有人还萌生了离婚的念头，陷入痛苦与焦虑之中。

　　家庭生活中最应该避免的就是放大家人的缺点，忽视家人的付出。忘记曾经的美好，只会令我们相看生厌，再看更厌。

　　有一位女士在网上吐槽自己的丈夫：家里乱了，孩子闹了，父母病了，但凡生活里发生点什么事，丈夫总能从她身上找到原因："是你协调不好时间""你和爸妈说话的语气不对""你太不自律了，做事乱七八糟"……

　　在她看来，丈夫不像家人，而像商业合作中的甲方，不停地挑刺、找问题，不断地要求她改进。久而久之，夫妻感情被消耗殆尽，家庭氛围紧张得如同拉满的弓，稍有不慎，就会射出利箭把人刺伤。

《幸福的婚姻》一书的作者约翰·戈特曼说，世上最难经营的公司，是家庭。家，是讲情的避风港，不是讲理的辩论场。想要家庭和谐，我们都需多说一句"没关系"，少说一句"都怪你"。

人无法选择出身,但可以选择人生

有人说,一个人的原生家庭,就是他的宿命。你无论喜欢或排斥,总能在自己身上找到父母的影子,甚至可能会活成父母的样子。

父母是土壤,子女是树木,土壤的质地会影响树木的生长,但这种影响并非不可逆转,岩石缝隙里能长出参天大树,苦难生活中也能开出希望之花。

东野圭吾说得好:"谁都想生在好人家,可谁都无法选择父母。发给你什么牌,你就只能尽量打好它。"如何规划自己的生活,说到底,还是每个人自己的选择。

01

大多数人在一生中会拥有两个家庭,一个是我们从小长大的家庭,一个是我们长大以后与另一个人结婚组成的新家庭。第一个家庭，在心理学上被叫作"原生家庭"。

有些人的原生家庭，是他们的盔甲；有些人的原生家庭，却不那么让人满意，甚至有人表示自己的原生家庭给自己带来了"不可磨灭"的伤害。

《童年》一书的主人公阿廖沙的原生家庭就是悲惨的。阿廖沙3岁那年，父亲意外离世，懵懂的他瞬间成了半个孤儿。母亲太过悲伤，再加上生活的重压，无暇顾及他的成长，便把他送到外公家生活。

而这，便是阿廖沙噩梦的开始。

在阿廖沙的印象里，外公家中几乎从来听不到笑声，生活在这里的人们，总是大声嚷嚷，互相吵闹。外公是以前在伏尔加河做过纤夫的莽汉，后来开了染坊，小有所成之后，暴脾气也丝毫未改。有一次，阿廖沙偷偷把家中的桌布染成了深蓝色，就遭到外公的一顿毒打。他因此生了一场大病，一连好几天，躺在床上动弹不得。两个舅舅是十足的败家子，他们为了分家产，时常在家中大打出手。

原本应该是阳光快乐的童年，在阿廖沙看来却黑暗而令人窒息。

在读过这本书的网友中，有不少人对阿廖沙的经历感同身受，并分享了自己的经历。

"我的父亲脾气十分暴躁，在家经常喝得酩酊大醉，稍不顺心，就对我大打出手。"

"我一直辗转寄居在亲戚家，习惯了看别人脸色，从不知道爱和温暖长什么样。"

"我父母的眼里只有钱。我能拿出钱的时候，我是他们的女儿；拿不出钱来的时候，他们便嫌恶我，比看见苍蝇还恶心。"

一桩桩，一件件，看得人触目惊心。

可无论怎样，我们每个人都不得不面对这样一个现实：我们每个人，都无法选择自己的原生家庭。

02

面对不那么理想的原生家庭，有人选择沉沦，有人选择改变。我们无法选择自己的出身，但可以选择自己的人生。

心理学家萨提亚说过："不是每个创伤都是灾难，除非你允许这个灾难发生。"你如果愿意努力，同样的一块土壤，也可能开出不一样的花。

喜剧大师卓别林出生在英国伦敦一个贫穷的演艺家庭。在他小时候，父母因感情问题而离婚。家庭破裂后，卓别林和他同母异父的哥哥跟着母亲生活。几年后，母亲失业，母子3人靠着母亲打零工挣的钱勉强生活。没承想有一天，母亲精神病发作，被送进了精神病院。他和哥哥又去跟着父亲生活，却屡遭继母排斥。后来，母亲痊愈出院，卓别林兄弟俩再次回到母亲身边，靠着微薄的救济金度日。在他12岁那年，父亲因酗酒过量去世。不久，母亲精神疾病复发，又进了精神病院。

自此，卓别林就过上了流浪生活，开始自谋生路。卓别林从小就有做演员的梦想，悲惨的生活并没有将他梦想的火光熄灭。工作之余，他会经常观察路上行人的神态，模拟舞台上的表演。14岁那年，卓别林在哥哥的鼓励下，进入一家剧团。童年的坎坷经历给了他表演的灵感，他总能将那些生活中的小人物演绎得入木三分。没多久，卓别林就成了剧团里的红人。

真正的强者，从不畏惧原生家庭套在自己身上的"枷锁"。我们虽然不能决定自己人生的起点，但我们可以决定自己人生的走向。

03

"原生家庭"是近几年来一直被人们讨论的高频词，很多人将成年后遇到的一系列问题都归咎于原生家庭。当他们面对自己的人格或性格缺陷时，他们都习惯去"原生家庭"中寻找缘由,却忘记了理性思考。这是一种推脱,也是一种逃避。

其实,原生家庭对你的影响也许并没有你想象的那么大。一个时常将"原生家庭"挂在嘴边的成年人,与其说是"原生家庭决定论"的信徒,不如说是不敢直面失败的人生懦夫。他们只是把原生家庭当作麻痹自己、逃避现实和推卸责任的挡箭牌,他们真正缺乏的是面对失败的勇气,因为找借口永远比解决问题更容易。

原生家庭只是人生画卷的起点,人生的落点则更多地取决于自我成长。

林徽因的母亲何雪媛是继室。她没有文化,不爱看书,不懂持家,与林家一家人的思想观念有很大差异。她还性格急躁、固执、小心眼。因此丈夫不疼她,婆婆也对她不太满意。但何雪媛从不反思自己,整天抱怨不停。时间久了,丈夫对她更加厌烦。后来,林徽因的父亲娶了一房姨太太,将何雪媛和林徽因挪到后院,自此林父很少踏进后院。

后院总是冷冷清清,前院则充满了欢声笑语,林徽因很喜欢去前院玩。可每次回来,母亲都骂她是"白眼狼",稍有不如意的地方,还会拿她撒气。林徽因一度非常痛苦,她曾说:"我妈妈把我赶入了地狱,我希望我自己死掉，或者根本没有降生在这样的家庭。"

正是因为这段不幸的经历，林徽因从小就暗自在心里发誓，不要做母亲那样的人，不要拥有母亲那样的婚姻。

长大后，林徽因选择了与自己有着共同爱好的梁思成结婚。婚后，林徽因用心经营自己的小家庭，没有像母亲那样只能依附丈夫又不懂经营生活，而是成为与丈夫并肩作战的战友，夫妻俩一起出国深造，一起回国效力，一起踏遍祖国河山探访古迹建筑。二人相互支持鼓励，相互关心照顾，幸福美满地走过27年。

正如心理学家唐映红所说："原生家庭对个体的影响主要反映在儿童期和青春期。进入成年期，个体面临着自己选择自身成长人生历程的情形，此后的人生轨迹和状态就不能简单地归咎于父母。"

我们不要因为一个不完美的开始，就放弃人生旅途美好的风景；不要因为成长路上有阴霾，就让余生都生活在黑暗中。生活除了眼前的苟且，还有诗和远方。哪怕原生家庭不幸，我们也依然有选择自己未来幸福生活的权利。

对待家人的态度，是你最真实的人品

一位朋友曾经和我分享过他的故事。

有一天，他正在家里辅导孩子写作业，却见孩子不慌不忙写得很慢，他就忍不住对孩子大吼大叫。

这时，客户来电话了，他立刻降低音量，和颜悦色地与对方聊了起来。接起电话的那一刻他仿佛变了一个人。

孩子看着他的变化，疑惑地问："爸爸，为什么你对别人这么温柔，对我那么凶呢？"

那一刻他惊觉，原来自己把最坏的脾气都留给了家人。

有人说，高级的情商，是对最熟悉、最亲近的人仍能保持尊重和耐心。我对此表示赞同。

其实，我们想要了解一个人很简单，就看他对家人的态度。因为在家人面前，他会卸下所有的伪装，表现出最真实的一面。

01

电影《女人，四十》中，阿娥因为要照顾生病的公公，不得不辞职。公司老板因她平日里踏实肯干，主动挽留她，还给她两个月的假期处理家事。在老板看来，懂得善待家人的人，更值得信赖。

一个人如果对自己的家人能够做到包容、理解、有耐心，那他一定是个情绪稳定、积极乐观的人。他如果对自己的家人态度恶劣，却对别人阿谀奉承，就很有可能不值得信任。

网友李鸣鸣在豆瓣上分享了她初入职场时发生的一件事。

有一年年底，同事小曾被老板当着众人的面痛斥一番。因为他在做一个非常重要的报表时，遗漏了一个数据，幸亏提交的时候被领导发现了，否则将会给公司带来巨大的损失。被数落后的小曾，默不作声地重新整理报表。

这时他突然接到一个电话，于是冲着电话那头发火："就这点儿小事，你能不能别烦我了！"

看到失控的小曾，大家都目瞪口呆，因为他在公司是公认的好脾气人物，大家纷纷问他到底怎么回事。他略带尴尬地说:"没事没事,是我老婆的电话。"

这件事让大家对他有了新的看法。原来平时待同事谦逊和气、待客户耐心礼貌的他,还有这样的一面。人事部经理也看在眼里,默默地把小曾从去公司总部学习的名单里画掉了。

生活里很多人都是这样,习惯把笑脸留给外人,把坏脾气留给家人。

在外的好脾气,可能只是处世的圆滑;在家的好情绪,才能体现一个人最真实的人品。在生活面前,我们或许有不得已的忍让;在家人面前,也请别忘了克制情绪,因为家人才是你生活的后盾。

02

古人云:"一人向隅,举座不欢。"一个人的坏情绪,会影响家里所有人的情绪。懂得经营家庭的人,不会把坏情绪带进家里。

一天深夜,我碰到邻居老张站在自家楼下抽闷烟。他苦笑着说:"最近有一笔债收不回来,心里烦,在楼下缓缓,不然老婆孩子会担心。"

老张的话触动了我。生活中,很多人在外打拼,带着钱回家的同时也带回了满身戾气。孩子想扑过去要个拥抱，都不敢亲近。家人想宽慰两句，却担心反被数落。

我们最常犯的错误就是把糖果撒给路人，把"枪口"对准家人。家是讲爱的地方，不是情绪的垃圾场。

活得明白的人，会把压力和情绪消化在家门之外，因为家庭和睦才是一个人人生的底气。

03

生活中，不知道你有没有遇到过这样的情况：

父母总是不愿意扔掉旧衣物，你便和他们争得面红耳赤；丈夫带孩子出去玩摔了跟头，你只顾着斥责他没看管好孩子，却忘了他心里更自责；妻子给你做好了晚饭，你却嫌弃菜炒得太咸，忽略了她的辛苦……

《菜根谭》里有句话："家人有过，不宜暴扬，不宜轻弃。此事难言，借他事而隐讽之；今日不悟，俟来日正警之。如春风之解冻，和气之消冰，才是家庭的型范。"

生活中，我们如果能把对待外人时的和风细雨带一些回家，一定会有意想不到的收获。

我曾在书里看过一个故事。

医生给老太太开了药，老太太却固执地不肯吃，结果整夜咳嗽，导致儿子整夜没睡着，很是生气。

早上起来他对妻子说："她太过分了，简直是在跟我们过不去嘛！"妻子拉住他："别急，好好说话。"等到吃早餐时，他对母亲说："妈，您咳嗽，我听着很心疼，您上床前还是吃点儿药吧！"

原本是一句责怪的话，换种方式、换个角度说，变成为对方着想，就会让人听上去感觉很舒心。

因此，和睦的家庭关系并不是那么难以维护的，转变一下说话的方式，就能让彼此的心感到温暖。

你怎样经营一个家,就怎样经营一生

鲁迅的短篇小说《风波》中,有这样一个情节:一个叫六斤的小女孩,因为想盛一碗饭,被母亲大声呵斥。六斤吓了一跳,碗掉在地上,摔出了一个口子。看见碗被摔坏了,父亲一巴掌把六斤扇倒在地。

其实,母亲之所以吼六斤,是因为她自己做了错事被拆穿,迁怒于六斤。而父亲之所以打六斤,只是因为自己心里烦躁,把六斤当成了发泄情绪的工具。

生活中,我们不知不觉会活成鲁迅笔下的主人公,把自己最鄙陋的一面给了家人。

《大学》里说:"齐其家在修其身。"人生的修行,往往从家里开始。经营好家庭,是一切生活的基础。

01

有些人，在外总是温和有礼，说话有耐心，做事有尺度。而在家里，他们面对家人却处处显得不耐烦，把最坏的脾气留给了最亲的人。

一个明智的人，会把家人放在首要位置，因为他明白，只有家庭和睦，自己才能在外安心打拼。

东汉大臣宋弘为人正直，对皇帝敢于直言相谏。刘秀称帝后，想为早年丧夫的湖阳公主寻配一位良偶。

一天，刘秀与姐姐议论朝臣。湖阳公主说宋弘仪表堂堂、气度不凡，群臣莫及。刘秀听后很高兴，但是宋弘已经有了妻子，他不好直接赐婚。

有一次，刘秀与宋弘闲谈，假装无意地试探道："一个人地位高了，就改交另一批高贵的朋友；一个人发了财，就抛弃原来的妻子，换个新的。你认为这是人之常情吗？"

宋弘知道皇帝话里有话，巧妙地回答说："我听说一个人在贫贱时交的朋友，什么时候都不该忘记；同自己共患难的妻子，无论以后如何富有，也绝不能将她抛弃。"

刘秀听完，被宋弘的为人深深感动。

一段感情，始于激情，终于人品。人品不正，难以久处。一个人以人品为基石，诱惑再多，也能守住内心；磨难再大，也能不离不弃。

02

有些人在家里，会为了鸡零狗碎的小事斤斤计较；而一个把自己活明白的人，懂得小事不争，错事不怨，把家庭经营得和睦温馨。

林语堂与妻子廖翠凤一辈子少有争吵的时候。

廖翠凤从小接受精英教育，注重个人形象和社交礼仪，出门前会精心挑选首饰，仔细熨烫衣服。林语堂却厌烦这些形式化的繁文缛节。

虽然生活方式和习惯有差异，但他俩从不勉强或试图改变对方。林语堂还把一条婚姻信条奉为圭臬："太太喜欢的时候，你跟着她喜欢，可是太太生气的时候，你不要跟着她生气。"

林语堂曾痴迷于研究如何发明一台中文打字机，导致家庭负债累累。廖翠凤虽颇有微词，但还是没有怨言，没有揪着此事不放。

林语堂自己心里也难受，他主动道歉："我还会写文章，会赚回来的。"

夫妻如果凡事都要争个输赢，生活中处处盯着对方的缺点，难免会赢了道理，输了感情。

家庭里有欢声笑语，也有剪不断理还乱的琐事，没有谁能置身事外。小孩的闹，老人的犟，伴侣的烦……我们能包容就少去责备，能接纳就别强求改变。

03

有人说："对亲近的人挑剔是本能，但克服本能，做到对亲近的人不挑剔是种教养。"

我们会因为工作不如意而在家里大发雷霆，因为琐事缠身而满腹牢骚。但坏情绪是看不见的刺，往往会扎得亲人遍体鳞伤。

在小说《围城》中，方鸿渐有一次因为心情不愉快，板着脸回家。

妻子孙柔嘉问他吃饭了没有，说她和用人李妈已经吃过了。方鸿渐继续沉着脸，说："我又没有亲戚家可以去吃白食，当然没有吃饭。"就因为这一点琐事，夫妻大吵起来，方鸿渐还动手打了孙柔嘉。

李妈劝架不成，只好通知房东，这一下闹得左邻右舍全知道了。孙柔嘉愤然离家，这段婚姻在愤怒与哭声中走向终结。

一个人若把家人当作出气筒，往往会把一个家伤得千疮百孔。我们在世间行走，脚底的灰尘不能带回家，心里的垃圾也不能倾倒在家里。

胡适曾说："世间最可厌恶的事莫如一张生气的脸；世间最下流的事莫如把生气的脸摆给旁人看，这比打骂还难受。"

家人是我们的一面镜子，我们怎么经营一个家，就怎么经营一生。愿你既能在外面拼出一方天地，也能把家庭经营得和和美美。

家庭的经营，需要智慧

歌德说过这样一句话："无论是国王还是农夫，只要家庭和睦，他便是最幸福的人。"

如果家庭和睦，一个人哪怕不是大富大贵，也能把日子过得红红火火；但如果家庭中矛盾、纷争不断，他即便日入斗金，生活也难得顺心。

经营一个家，需要方法，更需要智慧。我们想要家庭和睦，就要常怀感恩心，常说舒心话，常做贴心事。

01

我们要想家庭和睦，应常怀感恩之心。

滴水之恩，涌泉相报，我们对陌生人尚且如此，对亲人又怎能不感恩呢？然而，我们常犯这样的错误：认为亲人的付出是理所应当的，等亲人离去才幡然醒悟，追悔莫及。

我们对身边的亲人常怀一颗感恩之心,才能使彼此的关系亲密持久。

作家梁晓声和妻子焦丹的爱情,没有什么海誓山盟,却让每一个看过他们故事的人,都能感受到什么才是真正温暖的婚姻。

1981年7月,梁晓声和焦丹在朋友的介绍下相识。彼时的梁晓声还是个一无所有的穷小子,收入不多,身体也不是很好。

初次见面,梁晓声就坦诚地向焦丹讲述了自己的情况。没想到,焦丹不仅没有嫌弃,反而同情地流下了泪水。她哽咽着说:"没想到你这么不容易,你肩上的担子这么重,更需要一个人帮你分担。"

于是,在婚后的几十年里,焦丹主动承担起了家里的琐事。她悉心养育儿子,照顾双方父母,还将梁晓声生病的大哥接到北京生活。家里家外,她都安排得妥帖周到。

没有后顾之忧的梁晓声,全身心投入创作。终于,1984年,梁晓声创作的中篇小说《今夜有暴风雪》、短篇小说《父亲》,分别荣获全国大奖。

后来,有一次梁晓声在接受记者采访时,不断提起对妻子的感激:"几十年的写作生涯中,妻子真诚的爱使我内心常常产生无限感动、感激和感怀,以至于影响着我的写作、我的人生及一切。"

很多时候,夫妻相处久了,早已把彼此看作最亲近的人,不会再把感谢放在嘴上。但每个人都有被认可的需求。人在付出之后,潜意识里都希望得到肯定。一句"谢谢",可能就会让彼此感到温暖,让对方知道,原来他做的一切你都看在眼里。

家人相处,要学会感恩,这样才能将平淡的生活演绎得暖意融融,你的人生也才会更加焕发光彩。

02

我们要想家庭和睦,应常说舒心话。

《妈妈离婚记》一书中讲述过一对夫妻的故事。

卢月和老徐是一对结婚多年的夫妻,却闹着要离婚。女儿小五对此十分不解,父母没有吵架、没有冷战,更没有出轨,何至于此?

在她的再三追问下,妈妈说了两个字:憋屈。

原来这些年,老徐对她的态度让她感到心寒。卢月优雅貌美,老徐却总是夸别的女人美,讽刺自己的妻子是个黄脸婆，又老又丑；卢月很有绘画天赋，老徐却装作看不见，还时不时阴阳怪气地大肆嘲讽。

面对丈夫的冷言冷语，卢月表面上波澜不惊，内心早已崩溃。

家人在一起，最忌讳的就是不好好说话。其实一方心里很在意另一方，可话一说出来就变了味，使另一方只感受到冰冷的指责，却感受不到爱。

家人之间多说舒心的话，家庭幸福感才会更加浓郁、醇厚。

胡适和他的妻子江冬秀在日常相处中就常常说舒心话，虽然他们一个是民国才子，满腹经纶，一个是乡村妇女，目不识丁，但他们相处得很好。

江冬秀不算貌美，脸圆圆的，胡适却说："她很贤惠，善于操持家务。"

江冬秀没什么学问，胡适却说："她文化低，但很爱学习。"

江冬秀特别喜欢打麻将，胡适却说："她很善良，懂得仗义疏财。"

江冬秀能在那样一个新旧交替的社会，活出自己的圆满人生，不得不说，与胡适从不吝啬对妻子的赞美有着很大的关系。

林清玄曾说:"表达爱最好的方法是欢喜、奖励与赞赏。"

生活中,你多用欣赏的眼光去看待家人,多用舒心的话语去宽慰对方,便会发现,很多琐碎的摩擦都会在无形中化解。一番温柔的言语说出口,不仅家人的眼角眉梢会荡漾起笑意,家庭氛围也会变得和睦温馨,这样一个家才会越过越好。

03

我们要想家庭和睦,应常做贴心事。

网上有这样一句话:"最好的家人相处,是你体谅我的辛苦,我懂得你的不易。"家人间相互体谅,生活再苦再难,也能甘之如饴。

朋友给我讲过一个故事。

丈夫失业了,但他没有告诉妻子,而是一个人悄悄去一家水泥厂做短工。

每天一早,他夹着公文包出门,傍晚又笑容满面地回到家。

水泥厂灰尘很大,工作一天下来,原本干干净净的小伙就变成了一个"小泥人"。

于是，丈夫在下班后都会先找个地方洗澡，然后换上西装，装作若无其事地回家。

有一天晚上，妻子问他："想不想换个地方上班？有家公司正招聘，我打听了，招聘要求你都符合，明天去试试？"

丈夫心中狂喜，嘴上却说："为什么要换呢？"

妻子说："因为这家待遇很不错啊。"

丈夫前去应聘，被顺利录用。3年后，丈夫凭借出色的才干，升职为公司副总。

那天，妻子在为他庆贺时说："其实你在水泥厂上班的事，我一直知道。"

丈夫瞪大眼睛，难以置信。

妻子说："之前我每天做一盘木耳炒蛋，有时还逼你吃两勺梨膏，就是想给你清肺。"

听完这话，丈夫忍不住潸然泪下。

我们常说，家庭是温暖的港湾。家人在一起，就要关爱彼此。困境时有人默默支持，逆境时有人鼓劲加油，绝境时有人不离不弃。

家庭关系的纽带，是彼此的心疼和关注。一家人只要能互相体谅，再多的疲惫都会一扫而尽，再大的难题都能一起化解，日子自然会越过越甜美。

幸福的家庭,就像一壶陈年老酒,需要每一个成员以爱为材料用心去酿造。经营好家庭,是每个人一生中最重要的课题。一个和睦的家庭,是你打拼生活、闯荡社会的最坚实的后盾。

第六章

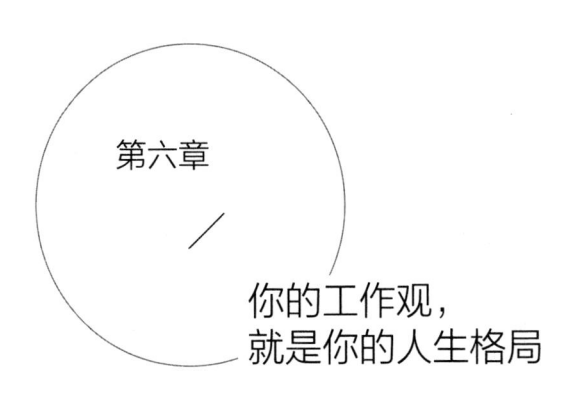

你的工作观，就是你的人生格局

奋斗，是人生最好的修行

工作中，要做个皮实的人

有一位企业家有过一段对职场人的描述，让我印象深刻。她说："那些能够在职场上走到很高位置，走到最后的，都是皮实的人。"

什么是皮实？

皮，是韧性十足；实，是有真本事。

能咽下委屈，能克服挫折；勇敢，有能力，心理素质强：这样的人，在职场中自然做得风生水起。

01

阿里巴巴原大区总经理许林芳说过："阿里巴巴招人有四个基本要求，其中有一条就是人要皮实。但实际工作中，却少有人能做到。不少人接到棘手的项目，会焦虑得寝食难安；被领导批评几句，就委屈得无心工作，甚至辞职逃避……"

媒体人卫斯理带过一个实习生。因为刚毕业参加工作，实习生做事态度积极且认真，卫斯理也愿意花时间指导他。但在一个项目中，实习生的做法却让卫斯理改变了对他的看法。

实习生负责的模块出现了问题，卫斯理让他改了很多次。可他却觉得卫斯理是故意为难他，于是越改越崩溃，心情跌入了谷底。后来这名实习生竟然向上级领导打小报告，控诉卫斯理太严厉。

上级领导对他说："卫斯理说得对，你的模块思考还不够全面，遇事应该多思考，多跟前辈们沟通学习。"

他听后没有反思，反而觉得所有人都在针对自己。此后，他整个人都变得郁郁寡欢，最后只能辞职离开。

成长，就是把脸皮练厚的过程。很多时候，工作中真正打倒一个人的，并非复杂的事情和人际关系，而是那些自以为被伤害了的自尊和消极情绪。

当你炼出了一张"厚脸皮"，承受得住打击和批评，工作慢慢也就顺了。

02

这些年，我一直很认同一句话："很多人成不了大气候，不是能力不行、机会不够，而是过早地选择了安逸，停止了奔跑。"我们看一个人对待工作的态度，就能大致知道这个人的现状与未来。

作家刘同刚开始写作时，但凡涉及写的工作，从未推脱过。他虽然只写过一些散文，记录的都是自己的故事和感受，但在他看来，无论写得好不好，都是一种积累和提升。

意识到这一点后，刘同竭力抓住每个锻炼自己的机会。写婚礼告白，他就去采访新郎新娘，挖掘他们背后的故事；写节目宣传片的文案，他就去研究对仗、押韵等修辞手法，探究如何才能写得气势磅礴。

后来，不管是晚会主持人串词、脱口秀脚本，还是新节目策划案、年会歌词……刘同都能游刃有余地完成。

大多数人并非一开始就有超强的能力。面对工作中的难题，他们也都有过迟疑，想过退缩。但只有一次次迎难而上，才能实现自身技能的突破。

管理学上有一个理论，叫"飞轮效应"。或许一开始你推动飞轮很难，甚至会耗尽你全身力气。不过慢慢地，那些力气都会转化成飞轮的能量，让飞轮转动得越来越快。

没有人的工作是一帆风顺的，但那些棘手的事，又何尝不是自我增值的养料？我们把工作当成自己的事业，不断提升能力，练就一身本领，自然能厚积薄发。

03

没有目标的人内心没有笃定的"核"，容易被工作的琐事困扰。而那些有目标、有定力的人，无论外界如何变化，都能朝着自己既定的方向前进。

原卡耐基钢铁公司董事长齐瓦勃18岁时，来到卡耐基经营的一家建筑公司打工。

当其他人在抱怨工作累、薪水低时，齐瓦勃坚持做好每一项工作，不断积累经验；当同事们闲聊时，他就躲在角落看书，自学建筑和管理知识。

有些工友看不惯他的做法，故意挖苦、讽刺他，齐瓦勃从不去理会。在他看来，把所有的热情投入工作，让自己的价值远超所得薪水，他才可能获得更多机遇。

抱着这样的信念，齐瓦勃一步步升职为总工程师，并在25岁时成为这家公司的总经理。而当初那些嘲讽他的工友，要么被裁，要么还停留在原来的岗位。

工作中，总有人在敷衍、偷懒，这些行为多多少少都会影响你，但你要明白，你在工作中混日子，便迟早有一天会被淘汰。你的能力越强，技术越精湛，你才越有价值。

工作不是游乐园，而是试炼场。

脆弱敏感的人，往往会被击打得毫无还手之力；而皮实的人，则会将外界的击打转化成自身成长的动力，不断在工作中修炼自己。你觉得又累又苦的时候，也正是你成长得最快的时候。

脸皮厚、筋骨强、心气足，拥有这"三要素"，你才能在工作中游刃有余，逢山开路，遇水搭桥，一步步到达自己理想的高度。

别把工作当成消耗自己的任务

美国石油大王洛克菲勒年轻时，曾就职于一家叫塔特尔的公司。工作的前两年，他只负责处理公司的一些业务杂事和文书。

跟他一起进公司的同事总是唉声叹气，嫌弃薪水低、无法实现人生价值，整天没有一点儿精气神，浑浑噩噩地度日。但洛克菲勒不一样，他每天上班时，都会认真观察前辈们如何讨论问题、制订计划、做出决策。公司业务经常涉及谈判，他就尽最大努力学习谈判技巧。

洛克菲勒后来回忆往事，认为这段职业生涯对他的事业发展产生了重大影响。

有人曾把工作态度分为三种：把工作当差事、把工作当职业、把工作当使命。

工作态度，决定了你在职场能抵达的高度。把工作当差事，那上班就是一种折磨，只会不断地消耗自己；把工作当修行，砥砺前行，才能把自己修炼得越来越强大。

我很认同一个观点："我们工作的意义，是为了服务于生活，而不是给生活添堵。"但很多人还是搞反了。对他们来说，抱怨是工作的常态，能偷懒就决不认真做事。他们苦大仇深地站在工作的对立面，在抱怨中消耗了自己的人生。

01

网上曾流传一段上班偷懒小技巧：买个大保温杯，再定几个闹钟，每过50分钟就借口去打水；在茶水间做15分钟运动，耗完时间再回到工位；多喝水就能带薪上厕所，喝得越多等于休息时间越长……

事实上，那些习惯在工作中偷懒的人，他们不是在敷衍工作，而是在敷衍自己。

经济学家薛兆丰的一句话，道出了职场真相："每一个人，每一个时刻，都是在为自己的简历打工。"

你铆足劲儿"死磕"任务，创造出效益，你的技能就会不断提高。你每天敷衍工作，不能给公司排忧解难，自然会成为可有可无的边缘人。

我曾经有一个同事叫老江。

老江是名校毕业，平时喜欢高谈阔论，一到工作的时候，能偷懒绝不卖力，能糊弄绝不下功夫。领导每次安排他出差，他要么说家里有事，要么借口身体不舒服；每天坐在电脑前，看似在认真画图，实际上在偷偷打游戏、刷视频。

有一年公司裁员，老江的名字赫然在列。老江可是元老级人物，人事很困惑，于是跑去问老板原因。

结果老板说了一番残酷却深刻的话："像老江这样每天混日子的人，公司收益好的时候，不至于裁掉。一旦公司收益变差，首先被淘汰的就是这批人。"

没有公司愿意养闲人，当你混日子时，你距离被公司抛弃已经不远了。你总想着混日子，其实消磨的是你自己的价值。

02

人的头脑就像一座花园，播下有害的种子，毒草就会生根发芽，花园必将荒芜。

在工作中，每个人都会遇到各种挑战，从而影响自己的情绪。你被领导苛责一句，就会陷入郁郁寡欢中；想到要和难缠的客户打交道，心情一下子就会滑落谷底。

我们如果一味地跟情绪较劲，就会让工作成为痛苦的根源。

渡边淳一在《钝感力》一书中写过一个故事。

在他实习的医院有一位教授级的医生，虽然医术高明，但脾气暴躁，碰到一丁点儿问题就不留情面地呵斥对方。很多实习医生一听到要被安排当他的助手时，就闷闷不乐。

有一位S医生却与众不同，他只管专心致志地学习教授的医术。对那些骂人的话，他右耳进，左耳出，听完就忘得一干二净。就这样，S医生成了那批实习医生中手术水平提升最快的一位。

为难做的任务苦闷，对不起眼的杂活烦心，因讨厌的同事而愤怒……我们的内心如果一直被这些情绪占据，工作日就成了苦恼日。

03

日本一家知名保险公司创始人岩濑大辅，毕业后曾先后任职多家知名咨询公司和风投机构，最后选择了创业。回顾自己多年的职场生涯，他总结出一套"工作三原则"，其中有一项，就是永远没有无聊的工作，在任何岗位都要努力加入自己的附加值。

阿里巴巴刚刚成立时，童文红应聘成为公司前台，需要同时做前台和行政的活儿，每月工资仅500元。但她不仅没有抱怨，反而将这两份工作做到极致：为了熟练解决客户的问题，她从零开始学习公司所有业务；为了提升工作效率，一有同事出差，她就提前帮助同事查好车次和时间。

3年后，她当上了行政主管。后来阿里巴巴发展物流业务，创立菜鸟裹裹，她又担负起了组织责任。每天除了招揽人才，她还主动学习仓储物流知识，帮助团队搭建大数据运营平台……在她的主导下，菜鸟裹裹成立不到3年，估值就超过千亿元。

其实，工作的本质就是利益互换，你想要赚钱，就要让自己值钱。你与其羡慕别人升职加薪，不如潜心打磨自己的专长。

04

1967年，美国心理学家塞利格曼做过一项叫"习得性无助"的实验。

他把一条狗关在笼子里，只要蜂音器一响，就对狗施加一次电击。多次实验后，塞利格曼改变了做法。他先是按响了蜂音器，然后把笼门打开。

让人意想不到的是，狗并没有逃跑，而是直接倒地呻吟、全身颤抖，放弃了逃出笼子的机会。

职场中的很多人何尝不是这样？一旦对某个问题产生恐惧，我们就会画地为牢，陷入习得性无助的状态。但世上没有一帆风顺的工作，想要获得成长，我们就必须打破那些困境。

想成为文案高手，你就得绞尽脑汁地一个字一个字去打磨，没有思路是家常便饭，退稿是常有之事，但这些挫折本身就是工作和成长的一部分。

想成为金牌销售，你就得放下姿态去推销，笑脸相迎地去维护客户……那些高提成的背后，是一次次的失败，更是失败后的重振信心。

我们只有把工作中的问题看作机会，而不是退缩的借口，一次次突破自我，才能逃出"习得性无助"的陷阱，获得真正的成长。

05

很多人每天重复同样的工作，接触同样的信息，久而久之，就被困在思维茧房中。

字节跳动创始人张一鸣却不同，他一直在突破自己。

张一鸣在酷讯工作时，看到很多同事都是清华大学、北京大学、斯坦福大学等名校毕业的计算机专业硕士研究生、博士研究生，他就学习他们的思维方式。在微软工作时，他主动总结大企业管理的经验。在业余时间，他通过阅读各种人物传记和心理学书籍去打开自己的眼界。

目光短浅的人，只顾眼前一时的得失，关注的就是自己的一亩三分地，纠结的都是当下工作的细枝末节，琢磨的全是如何敷衍任务。有远见者却会把眼界放在自身成长、行业变化上。这两者眼界的不同，决定了他们以后的人生舞台必定大不一样。

有人把职场人划分为两种类型：一种是消耗型，只涨工龄，不涨本事；一种是充电型，随着在职场中的摸爬滚打，无论是能力，还是认知，都得到了极大提升。

你如果是前者，便会发现，自己所有偷过的懒、躲过的事，都将成为生活的重压。你如果是后者，就要相信，工作中的自我投资、自我增值，都会在日后为你带来丰厚的回报。

用复利思维应对工作

"很湿的雪,就是复利;很长的坡,就是时间。很湿的雪加上很长的坡,就能滚成巨大的雪球,这就是复利的力量。"这是《滚雪球:巴菲特和他的财富人生》一书中的一段话。再微小的事,只要你做得好,随着时间的推移,也能为你带来丰厚的回报。

懂得运用复利思维,你的工作和人生才有可能进阶到更高段位。

01

不知道你有没有发现,35岁以后,我们身边的人逐渐分成了两类:一类职业生涯越走越窄,另一类却开始大展拳脚。

说到底,这源于前者总是心浮气躁,在应该努力深耕自己的时候选择了偷懒，而后者始终默默坚守，不断提升自己的能力。

作家枫晓有一位朋友老吴。

老吴初中毕业后便进入一家私营铸造厂做学徒工，每个月的工资只有300元。同学们都劝他，这点钱都不够出来吃顿饭，不如跟着他们一起送快递，挣得更多。

老吴笑笑没说话，依旧踏踏实实在工厂跟着师傅学技术。他每天第一个到工厂，早早准备好需要加工的零件和材料；晚上最后一个离开，走之前把机器打扫得干干净净。回到宿舍，他还会加班加点地研究图纸，在网上学习软件制图。

半年后，因为会设计图纸，老吴的工资涨到了1000元。

5年后，工厂制度改革，老吴晋升为副厂长。

10年过去，老吴早已打通产品的供应链、经销商等各个环节，开设了自己的工厂。

人的一生，可以理解为"爬山"的过程，专注于爬一座山显然更容易登顶。

你如果在这座山爬一半，看那座山不错，在那座山走几步又被另一座山吸引过去，到最后多半是永远看不到山顶的风景。

做事，最忌讳这山望着那山高。否则，别人在专业领域一路升级,你却到哪儿都是新手,一直在原地踏步。

02

你积累的每一条经验、提升的每一项能力,都会在你工作时为你助力。在自己的领域不断深耕,持续打造自己的核心竞争力,你在职场上才能走得更高、更远。

同样是送快递,李庆恒能在你随便给出一个地址时,说出对应的城市信息。无论快件上标的是城市、区号,还是邮编,他都能准确无误地进行分拣。他代表公司参加浙江省第三届快递职业技能大赛,拿到了"快递员"工种的第一名,为此获得了"杭州市D类高层次人才"的殊荣,顺利在杭州落户。

同样是卖菜,湖南长沙的李阿姨,一周不重样地为顾客提供菜单。她会帮顾客把菜切好、配好,还提供每道菜的烹饪技巧。李阿姨的贴心与专业,让她得到《人民日报》的点赞,上门的顾客络绎不绝。

三百六十行,行行出状元,只要肯用心,肯钻研,不管干什么,你都能成为精英。你与其左顾右盼,不如用心一处,以一颗匠心踏实深耕。功夫到了,你自然会在某一个节点脱颖而出。

03

《舌尖上的中国》导演陈晓卿的一个朋友开了家餐厅，十几年来，生意一直都特别好。

陈晓卿很好奇，问朋友是怎么做到在不营销、不推广的情况下，生意还能一直这么火爆的。

朋友笑了笑，说："开餐厅最重要的是食材，你只要做到每天6点亲自去菜市场挑菜，一直挑到12点才走人，而且还能坚持10多年，就可以了。"

那些成功的人往往都是自律的人。他们会以5年、10年为一个阶段，去规划自己的职业生涯。

亚马逊公司创始人贝佐斯也是这样一位长期主义者。

1997年，亚马逊上市之初，贝佐斯就向公司股东分享了自己对亚马逊未来发展的规划："亚马逊立志做一家有长远发展的公司。公司所做的一切决策也将立足于长远的发展而非暂时的利益，我们会尽自己最大的努力来建立一家伟大的公司，一家我们的子孙们都能够见证的伟大的公司。"

2011年，贝佐斯在公司年会上说："如果你做一件事，把眼光放远到未来3年，和你同台竞技的人很多；但如果你的眼光能放远到未来7年，那么，可以和你竞争的人就很少了。因为很少有公司愿意做这么长远的打算。"

秉持着这样的时间观念,正如我们所见,贝佐斯将亚马逊公司打造成为美国最大的网络电子商务公司,如今在世界500强公司中名列前茅。

我们做一份工作,不仅仅是上班天数的叠加,也是智慧与经验的增加。我们把时间花在哪里,人生的花就在哪里盛开。对于成功者来说,天赋和运气不过是他们的加分项,在你看不见的日日夜夜里,他们都在默默积蓄能量,这也是人与人之间拉开差距的原因。

没有量的积累,哪有质的飞跃?日拱一卒,功不唐捐。我们只要步履不停,日日坚持,在复利法则的加持下,在职场上的努力终会迎来从量变升华到质变的一天。

你有多"稳定",就有"多穷"

我最近在读一本书,书中有一则寓言故事给我留下了深刻的印象。

一位智者带着学生们拜访贫困村里最贫困的一户人家。这户人家有8口人,个个面黄肌瘦,住在破旧的茅草屋里,吃着简单的食物。全家仅有的财产是一头奶牛,一家人靠着卖牛奶勉强维持生计。

之前有很多好心人救助过他们,有的捐款,有的为他们介绍工作,但都没有起到任何作用。

离开村庄前,那位智者想到一个办法。他偷偷用匕首杀死了奶牛,然后带着学生们悄然离开。

学生们不理解智者为何这么做,在他们看来,老师的这种行为无异于毁掉了这家人的救命稻草。智者没有做任何解释。

一年后,智者又带着学生们故地重游。学生们惊奇地发现，这家人的破茅草屋变成了砖瓦房，破烂的衣服变成了体面的新装，个个面色红润，精神饱满。

学生们很好奇，这家人为何会发生这么大的变化。细问之下才得知，原来，以前有奶牛的时候，他们虽然贫穷，但至少不会饿肚子，因此每个人都没有干活挣钱的动力。直到奶牛被杀，稳定的生活状态被打破，饥饿迫使他们做出改变，开始努力生存。慢慢地，他们的日子也好了起来。

看完这个故事，我陷入了沉思。

"稳定"两个字就像一条护城河，虽然让我们远离了风险，但也将我们困在了原地。久而久之，我们就像温水煮青蛙一样，即使危机降临，也毫无察觉，更无招架之力。

01

网上曾有一个热议话题："毁掉一个人最好的办法是什么？"

有网友评论道："让他享受安稳，然后再剥夺他的安稳。"

电影《肖申克的救赎》里有一个情节，让人印象深刻。

在监狱图书馆待了50年的布鲁斯，为了能继续留在这里，竟然选择伤害狱友。

正如布鲁斯的狱友瑞德所说:"刚入狱的时候,你痛恨周围的高墙;慢慢地,你习惯了生活在其中;最终你会发现自己不得不依靠它生存。"

对于布鲁斯来说,监狱就是他的舒适区。他在里面能找到自己的价值感和存在的意义,而一旦走出这个圈子,他就会发现自己一无所长,茫然无措。就像动物园里被圈养的狮子,一直都过着被投喂的安稳生活,如果某天它被重新放回大自然,它就会因为不会捕食而被大自然淘汰。

有句话说得好:"环境中的舒适区,心理上的舒适区,还有习惯的舒适区,正如一个又一个猪圈。你一旦落进去,看似很舒服,有吃有喝有烂泥打滚——但这所有的舒适,都需要拿你自己来买单。"

你有多稳定,就有多"穷",说的不仅是你的钱包,更是精神上的贫穷。你的舒适区,正在慢慢毁掉你。一味享受安稳,往往会使人丧失斗志,人生也会逐渐走向平庸。

02

有位网友的经历使人感触颇深。

这位网友对汽车行业非常感兴趣。为了确保毕业后能顺利进入车企,填报志愿时,他选择了很热门的内燃机专业。但当时新能源汽车已开始慢慢崭露头角。

进入大学后,这位网友担心新能源将取代内燃机,开始犹豫要不要换专业。但导师信誓旦旦地说:"新能源不会那么快取代内燃机,你就放心学,干到你退休不成问题。"于是,他一心专攻内燃机,对新能源领域从不主动去了解。

谁知,短短几年,新能源便侵占了内燃机的市场。等他毕业时,车企招聘名额大幅缩减,仅有的几家招聘企业也明确表示,不再招收内燃机专业的学生。

一身本领,几乎无用武之地,他不禁感慨:"花费好几年学会的知识,好像一下就过时了,憧憬的内燃机专业生涯还没开始就已结束。"

企业家吴晓波曾说:"在充满不确定的时代,确定本身才是最大的风险。"

很多人在生活和工作中追求"确定性",不愿意接受新知识,也不想更新技能。可是,往往市场环境一变,原本的经验就开始失灵。

美国作家斯宾塞·约翰逊在《谁动了我的奶酪》中写道:"别以为目前的舒适是一种享受,享受惯了这种舒适,你也就变成了呆子、傻子,最终必将毁于此。"

纳西姆·塔勒布曾在《黑天鹅》里写道:"每种事物,每个行业,都迟早会迎来那只可怕的黑天鹅。"没有无可替代的铁饭碗,更没有一成不变的生活。我们与其在"稳定"中等待时代变化将自己淘汰,不如主动翻新自己,走出舒适区,随时迎接新的挑战。

03

不管是生活中的自我规划,还是职场上的打拼,你一旦感到安稳舒适,就是主动出击的最好时刻。请记住:等风来不如追风去,顺势而为不如造势而上。

我和大家分享一个故事。

一只鹰从小被人们捡来当作小鸡养,鹰长大后,人们想将它放生,但这只鹰一直飞不起来。最后人们把它带到一个悬崖边上,扔了下去。刚开始,这只鹰像石头一样下坠,眼看触到崖底时,它突然展开双翅,气流一下子托住了它的身体。它慢慢拍打翅膀,身体又逐渐上升,它终于学会了飞翔。

当你需要成长的时候,你千万不要怀疑自己,更不能退缩,咬紧牙关努力冲刺,你就能看见全新的世界。

美国作家尼尔·唐纳说:"成长,只在不舒服的状态下才会发生。"不跳出舒适区,你永远不知道自己能走多远。天有多高,地有多辽阔,你只有多出去走走才能知道。迎接烈日，迎接风雪，你才能长成参天大树。

04

有人说："船停在港湾，风平浪静，但这从来不是造船的目的。"我很认同这句话。

碌碌无为并不可怕，可怕的是仗着现有的安稳与舒适不愿做出改变。

一个舒适温暖的家境，一份稳定安逸的工作，一个能尽情玩乐的圈子……正是这些阻挡了我们的脚步，使我们不思进取。但所有的舒适都有代价，好走的路，从来都是下坡路。在社会发展日新月异的今天，不进，则为退。

卡耐基曾在《人性的弱点》一书中写道："人性是贪图安逸、喜欢享受的，人们都喜欢让自己舒服的感觉。"

可一味沉溺于舒适、稳定的环境，必然会消磨一个人进取的决心，使其渐渐变得平庸。如果你的工作或事业一直很顺利，说明你还有很大的成长空间。给自己一个挑战，你就能抓住机会成就更强的自己。

我们只有学会"折腾"自己，保持危机感，才能在任何时代掌握主动权。愿我们都能跳出限制我们的"温室"，大胆做出改变，超越自己。

跟谁一起工作，真的很重要

在伯克希尔—哈撒韦公司年度股东大会上，芒格、巴菲特两位90多岁的老人侃侃而谈。这对"黄金搭档"已经一起走过了61年的传奇之路。

在他们相识之前，巴菲特还是一个名不见经传的投资人，而芒格是一位时薪30美元的商业律师。

两人相遇后，向彼此学习，互相成就，一起经营伯克希尔—哈撒韦公司，使其成为世界上名列前四的保险公司之一。巴菲特曾说，芒格用非比寻常的力量，拓宽了他的视野，让他从"猿"变成"人"。芒格也感激巴菲特让他从律师行业中脱身，给他提供了发挥投资才华的平台。

立于皓月之边，可增星光之势。从芒格和巴菲特两个人的故事中，你会发现，与谁一起工作，真的很重要。

01

高瓴资本集团创始人张磊经常挂在嘴边的一句话是："人生的道路上，选择与谁同行，比要去的远方更重要。"这句话就是他真实的人生写照。张磊能成为中国顶级投资人，大卫·史文森发挥了很大的作用。

大卫·史文森何许人也？他是耶鲁大学捐赠基金首席投资官，美国投资机构教父级人物。

1998年，张磊赴美国耶鲁大学求学，获得了在大卫·史文森手下实习的机会。这次相遇，奠定了张磊职业生涯的坚实基础。

史文森向来以严谨、专业著称，他指派张磊研究木材行业，要求张磊利用所有调查渠道，一点点收集信息，整理材料，深度调研。几周后，张磊交出了3寸厚的报告。

这种自下而上的深度研究方法被张磊沿用，至今仍是高瓴资本的基本功。

此外，张磊从史文森身上学到了独到的投资理念，也耳濡目染，学到了他的长期主义。得益于史文森的指点，张磊专注于长期结构性价值投资，这也让高瓴资本成为亚洲资产规模最大的基金公司。

你接触什么样的人，久而久之，就会受到这些人的影响。如果身边的人都想着浑水摸鱼，你就很难积极上进；如果朋友经常牢骚满腹，你身上的锐气也会慢慢被消磨殆尽。

居必择邻，游必就士。一个人常向能人学处世之道，方能见贤而自省，知不足而自强，不断深耕自己。

02

我认识的一位学长，他曾就职于深圳某大公司，薪酬待遇颇为可观。

两年前，一位同事问他有没有辞职合伙创业的意愿，方向是线上课程付费。我们都劝他，别因为一时冲动放弃那么好的职业平台。然而，他并没有理会别人的劝阻，一番考虑过后，果断辞去了工作。他说："对于我来说，与谁一起共事，永远是评判一份工作的重要维度。"

他举了两个例子跟我们说明原因。

第一个例子是关于这位同事业务上的事。同部门的一个人因为私下非议客户，惹得客户很不愉快，使双方关系降到冰点，几乎每个人都认为合作会失败。但这位同事却坚持不放弃，大冬天去等着客户，不断地诚恳道歉，反复描绘合作后的广阔前景。一番软磨硬泡后，不仅把这位客户重新争取回来，还为此后长期的合作打下了基础。

那时，他就明白，人与人的工作差距，有时候就是那股"死磕"到底的劲儿。

第二个例子是关于这位同事的日常。在工作中，无论做什么事，他都会认真对待。再简单的一篇文稿，他也不会放过一丁点儿文字细节；再微小的工作，他也会先给自己设立一个高标准。

学长说，跟这样的人一起工作，自己受益匪浅。如今，经过两年的发展，学长和同事的确在一起把事业做得风生水起。

每个人自身都有一个磁场，身边的人具备什么样的特质，往往会潜移默化地影响你。

字节跳动联合创始人梁汝波从张一鸣身上，明白了情绪控制的重要性。他谈道："从上大学到现在，我都没见过张一鸣有打鸡血的状态，他既不过分兴奋，又不过分沮丧。就算遇到了很不开心的事情，他也非常克制，很难从他身上看到消极情绪。"

我们如果想让工作更进一步，最便捷的途径就是，以卓越之人为师，学习其一切可学之处，可以是工作方法，也可以是一种态度或精神。

与比你优秀的人在一起，你也会不知不觉地变得更加优秀。

03

你与优秀的人为伍，所处的层次不一样了，看到的风景自然也不一样。

拼多多创始人黄峥在大学期间，认识了投资人段永平。2004年，黄峥硕士研究生毕业，对于选择留在微软还是去谷歌，心中犹豫不决。

那时，微软成名多年，实力雄厚。谷歌还只是一个刚成立5年的创业公司，工程师只有几百人。但段永平建议黄峥选择谷歌，他认为谷歌是一个很有潜力的公司。

黄峥听从建议，在谷歌的短短3年，他就实现了财富自由。不仅如此，黄峥创业时，段永平还直接从步步高集团给黄峥分了一块业务；拼多多创立后，段永平无数次出谋划策，甚至直接出资。

可以说，没有段永平高瞻远瞩的指路，就没有今天的黄峥。黄峥也称段永平是他的"人生导师"，并说："在我的天使投资人里面，对我影响最大的是段永平。他不停地教育我首先要做正确的事，然后再把事情做正确。"

一人之力有穷时，每个人的目光都有其局限性，容易困于一亩三分地。格局大、眼界高的人，往往能高屋建瓴地给出建设性意见。站在巨人的肩膀上看人生，我们才能一点一点地爬出"井底",走出狭隘。

美国有一句俚语:"和傻瓜工作,整天吃吃喝喝;和智者一起,时时勤于思考。"

你如果想像鹰一样振翅翱翔,就不要与鸡鸭鹅为伍;你如果想像狼一样迅疾奔跑,就不要与猪牛羊同行。

一有不满就辞职，不过是一种溃逃

稻盛和夫大学毕业后就职于京都一家濒临破产的企业——松风工业。

这家制造绝缘瓷瓶的企业，原本是日本业内最优秀的企业。但在稻盛和夫入职时，股东内讧不断，劳资争议不绝，迟发工资已是家常便饭。他去附近商店购物时，店主都会同情地对他说："你怎么到这儿来了？待在这样的破企业，老婆也找不到啊。"

因此，一起入职的几个员工，只要聚到一块，就牢骚不断，抱怨这家公司处处都不行。不到一年，其他人就相继辞职，最后只剩下稻盛和夫一个人。稻盛和夫也想离职，可是他转念一想：如果只是因为不满就辞职，那么今后的工作也会遇到同样的问题。

因此，稻盛和夫决定：先埋头工作。他把生活用品都搬进了实验室，直接睡在公司，昼夜不分，三餐不顾，全身心地投入工作。

就这样拼命工作了一段时间后，不可思议的事情发生了：年纪轻轻的他，居然一次又一次取得了出色的科研成果，在无机化学领域逐渐崭露头角。

后来，稻盛和夫在谈到自己的成功经验时说："即使你抱怨再多、委屈再大，当下最要紧的一件事就是先把工作做好，这才是一个成熟的人该有的心态。"

在工作中，一有不满就辞职，那不过是一种溃逃。真正强大的人，都会摒弃消极情绪，迎难而上。

01

谈话类综艺节目《锵锵三人行》爆火之后，凤凰卫视中文台决定给主持人窦文涛安排一档时事节目，叫《文涛拍案》。

与《锵锵三人行》的风格不同，《文涛拍案》讲大案要案，不设嘉宾。这个节目，窦文涛从一开始就不喜欢。

他说："有一天录完节目下班，已经是清晨6点，深圳暴雨如注，那一刻我心里只有4个字：生无可恋。"

然而这件不喜欢的事，他坚持做了8年。窦文涛后来在聊天节目《圆桌派》上回忆这段时光，说虽然不喜欢，但还是常常一期节目反复录四五次。

不管是什么工作，很难事事都称心如意，多有不顺才是现实。弱者善谈喜欢，强者必言坚持。遇到不喜欢的工作，清醒的人首先想的不是撤退，而是逆流而上。

02

管理学上有一个"蘑菇定律"，指的是蘑菇生长在阴暗的土地上，处于自生自灭的环境中，如果放弃生长的希望，就只能腐朽于黑土之中。

就像职场新人，大都坐在角落的位置，周而复始地重复着简单的工作。你并不会被领导多注意一点，甚至偶尔还会受到无端的指责和批评。

蘑菇如果能一直向上生长，不怕艰辛与磨难，终有一天能冲破这黑暗。同样，无论多么优秀的人才，都是从最简单的事情做起，慢慢成长起来的。

在成长过程中，人人都要经历一段"蘑菇时期"。那段在黑暗中孤独奋战的时光，是最难熬的。熬过来，出头；熬不了，沉沦。

最近，我在《把工作做到位》一书里读到一个故事。

3个名校毕业生，通过校招同时进入一家公司做管理培训生。20岁出头的年轻人，一片雄心壮志，渴望做出一番事业。他们被安排到公司最基层的岗位，每天不是去门店帮忙理货，就是做一些打杂的工作。

第一个人从开始就有诸多不满，觉得自己是被大材小用，一上班就溜到仓库玩手机，干活的时候能出三分力，绝对不出五分。

第二个人倒是很踏实，每天领导交代什么就做什么，只是到点就打卡下班。

最后一个人却干劲十足，每天一早就到店，下班还会自己钻研业务。

前两个人都笑最后这个人太傻，说这些低技术含量的工作干得再好也没用，熬完两年轮岗期就行了。而他无视这些调侃，依旧勤勤恳恳，每天睡前还会去学习行业和品牌知识。

轮岗结束后，公司进行业务调整，第一个人被裁了；第二个人依旧是个基层员工；第三个人因为业务能力突出，被安排接任了刚刚离职的销售主管的工作。

网络上有一句话："让玄奘成佛的，不是雷音寺上领取真经的那一刻，而是埋头前行的十万八千里。"一步登天终是痴心妄想，厚积薄发才是硬道理。

03

战胜人性里的畏难情绪，是成事的不二法则。人如果没经历过从难到易的过程，就不足以谈成长。

朋友讲述过她所在的公司中一个"90后"女生在北京买房的故事。

这个女生做事非常积极主动，别人觉得难、觉得烦琐而不愿意做的工作，她都不排斥；哪怕是从未涉足的领域，她也能从头开始学习。

公司招进一批新人，当老板正在发愁该交给谁来带头做时，这个女生已经给新人做了岗前培训，并且排好了值班表。

遇到大型直播活动，在同事抱怨工作任务太重、很难完成时，这个女生没有一句怨言，永远都是"可以""来吧""开干"……

因为积极主动、迎难而上的做事态度，她深受领导器重，工资不断上涨，几年后她就在北京买了房。

有句话说："求其上者得其中，求其中者得其下，求其下者，必败。"

人生就是这样，你选择简单模式，就意味着随波逐流；只有选择迎难而上，才有可能实现能力的跃迁。

04

在《穿普拉达的女王》这部电影中，主人公安迪应聘到一家时尚杂志社做主编助理。

尖酸刻薄的上司米兰达，对安迪各种刁难。安迪找同事抱怨，同事对她说："现实一点儿，你根本没有在努力，你只是在抱怨。"

这句话点醒了安迪，她开始认真对待助理的工作：主动接触时尚潮流，让自己的审美有了质的飞跃；尽最大努力配合上司的工作，米兰达有事找她，她随叫随到。

安迪坚持学习，慢慢地，对众多时尚品牌和设计师的名字都能脱口而出，甚至有些事能够想在米兰达之前。从最初的被动接受任务，到主动接受、全身心投入工作，安迪实现了原本看起来绝不可能的华丽蜕变。

严苛的米兰达也对安迪由嫌弃转为赏识，擢升她为第一助理。

工作中的人际关系看似有些复杂，但让你得到领导赏识和器重的，还是你的工作能力。把每一件事做到位，再挑剔的人也会对你刮目相看。

当你发现职场上的抱怨一无所用时，你就应该及时改变自己，接受工作本身，一步步地提升自己，而不是左顾右盼，甚至退缩。

今天你放弃了这份工作，去换另一份工作，是不是会加倍努力？如果答案是肯定的，那么不妨换个角度想想：既然能在另一份工作上加倍努力，那你在现在的工作上是不是也可以加倍努力，是不是也能有不错的表现？你既然做出一个抉择，就不要抱怨，努力做下去。

能把不喜欢的工作当作锻炼自己的平台，能把别人不愿意干的工作做好，能跟不喜欢的人心平气和地共事，甚至还能向他们的优点学习——这样的工作观，才能让你在职场上越走越远，越迈越高。

顶级的工作方式：眼高、手低、心平

很多公司都会对员工进行培训，以期提高他们的工作效率，而且多数培训都是围绕工作方法开展的。在我看来，顶级的工作方式不过6个字：眼高、手低、心平。

01

日剧《半泽直树》中，3个毕业生在银行入职宣讲会上讨论未来的规划。近藤直弼的理想很简单，作为一个银行职员，只要能为社会做贡献，在哪个部门都行；渡真利忍希望进入融资部，将来负责数百亿美元的国际项目；而半泽直树语出惊人，表示他有朝一日要成为行长。

15年后，近藤直弼被踢出银行本部；渡真利忍没有负责海外融资，却当上了企划部次长，成为银行的中流砥柱；半泽直树虽没有当上行长，但凭借出众的能力和大局观，成为董事会常务的热门人选。

一个人没有宽阔的眼界，只看脚下的路，很可能会把自己逼到无路可走；站上山顶，望见高远的目标，才能知道自己的潜力有多大。

周星驰在成为著名喜剧大师之前，当过长达10年的群演。处在演艺行业的最底层，群演们为了多赚钱，往往拍完这一场，就得立刻赶赴其他片场。

唯有周星驰留在片场思考：要是我成为导演，该如何处理方才的片段。有时候，他甚至直接找到导演，阐述自己对角色的想法，并提出一些拍摄建议。身边的人嘲笑他："你就是个跑龙套的，连个正脸镜头都没有，还自讨没趣去操导演的心！"

而正是这种"多管闲事"的态度，让周星驰不仅提升了演技，还打磨出深厚的调度功底。时过境迁，周星驰如今已成为中国著名的导演之一。而那些嘲笑他的人仍在为眼前琐碎的生活疲于奔命。

凡是能做将军的人，都在当兵时就树立了远大目标；一个只考虑当兵该做什么的兵，永远不会成为将军。

当你不再用当前职位衡量自己的价值，主动思考10年后乃至更远的前程时，你才能真正打开格局，突破限制，跨越到更高的平台。

02

一位网友曾分享过他与室友的故事。

他们从国内某985大学研究生院毕业后,求职非常困难,终于等来一家公司发来的录用通知,还被要求作为应届生去车间轮岗。

这位网友断然拒绝,还笑室友:"车间的工作,初中生都能胜任;一个研究生去做,太掉身价。"网友最后放弃专业对口的工作,经由熟人介绍,去从事从未接触过的金融行业工作。

如今他的室友积累了丰富的基础理论和实操经验,早已调离车间,并在公司成立新的业务部时,竞选成为部门经理。网友却在白领精英的光环下,每天做着一些不需要金融知识的杂务,时刻担心自己出现在裁员名单上。

世上没有一蹴而就的成功,从小事中萃取成长经验,才能在做大事时得心应手。九层之台,起于累土;千里之行,始于足下。我们不要总觉得自己是被大材小用,从低处着手打好基础,才能积蓄向上跃迁的力量。

03

1995年，著名小提琴演奏者帕尔曼在纽约林肯中心举办年度音乐会。演出进行到第七个章节时，小提琴的一根琴弦突然绷断了，现场音乐戛然而止。

所有演出者脸色煞白，帕尔曼却微微一笑，用仅剩3根弦的小提琴继续演奏。当音乐重新响起，听众都将断弦引起的停顿当作一曲终了时的自然间歇。

凭借平静的心态，帕尔曼顺利完成了接下来的曲目，音乐会大获成功。

其实，类似的意外在我们的工作中层出不穷：电脑突然死机，一天的努力付诸东流；客户突然变卦，整个方案推倒重来；项目突发状况，原有的进度难以为继……

单独挑出一件，都能让打工人瞬间"破防"，仿佛整个世界也随之崩塌。然而，放在人生尺度上，任何猝不及防的打击都似帕尔曼断弦的插曲，可以被一笔带过。

心理学家费斯汀格曾说："生活中的10%由发生在你身上的事情组成，而另外90%则由你对事情如何反应决定。"在这个复杂多变的世界中，一个人唯有保持平常心，才不会被工作轻易伤到，从而修炼出更强大的自己。

大部分事业成功的人，除了能力出众，还普遍拥有超越常人的心理韧性。他们年轻时屡受挫折，却总能以平稳的心态继续工作，并从失败中汲取教训，直到这种积累引发质变，他们才得以走到人生的高处。

每个人在人生中都会遇到挫折，但挫折带来的不会只有痛苦，也有突破的契机。我们只有以平常心待无常事，才能将工作中所有的擦伤改写成如愿以偿。